슬픈 역사 공존의 시작 친칠라

슬픈 역사 공존의 시작 **친칠라**

2018년 7월 10일 초판 1쇄 찍음
2018년 7월 20일 초판 1쇄 펴냄

기획 | 씨밀레북스
책임편집 | 김애경
지은이 | 샤론 린 밴더리프
옮긴이 | 이수현 · 장진영
펴낸이 | 김훈
펴낸곳 | 씨밀레북스
출판등록일 | 2008년 10월 16일
등록번호 | 제311-2008-000036호
주소 | 강원도 춘천시 효자3동 753-21, 203호
전화 | 033-374-4064   **팩스** | 02-2178-9407
e-mail | cimilebooks@naver.com
웹 사이트 | www.similebooks.com
ISBN | 978-89-97242-10-8 13490

슬픈 역사 공존의 시작
친칠라

사론 린 밴더리프 지음 / 이수현 · 장진영 옮김

씨밀레북스

|Contents

Chapter 1
친칠라의 생물학적 특성

친칠라의 기원 및 신체적인 특성과 기본적인 생태에 대해 살펴보고, 친칠라 특유의 행동과 습성에 대해 알아본다.

친칠라의 정의와 기원

친칠라(Chinchilla)는 자연이 인간에게 준 귀한 선물이다. 친칠라는 성질이 매우 온순하고, 커다란 귀와 반짝이는 눈을 지니고 있으며, 털은 부드럽고 윤기가 흐른다. 이러한 특징들이 잘 어우러져 절묘한 아름다움을 뿜어낸다. 친칠라는 또한 특유의 신비로운 매력을 지니고 있으며, 예부터 전해져 내려오는 친칠라에 대한 이야기는 인간의 상상력을 자극한다. 인간에게 처음 발견돼 모습을 드러낸 순간부터 친칠라는 매우 흥미로운 대상이었으며, 팔색조의 매력을 지닌 친칠라가 전 세계 동물애호가들의 눈과 마음을 사로잡은 것은 지극히 당연한 일이다. 누구라도 친칠라를 보면 이 사랑스러운 동물에게 금세 마음을 빼앗길 것이다.

본서는 친칠라의 신비로운 이야기, 역사, 생물학적 특성 그리고 행동에 이르기까지, 매력적인 친칠라에 관한 모든 것을 보여줄 것이다. 또한, 친칠라에 대한 몇 가지 오해와 잘못된 정보를 바로잡아줄 것이다. 무엇보다도 본서는 여러분의 새로운 반려동물이 될 친칠라(세상에서 가장 아름다운 설치류)를 훌륭하게 기르기 위해 꼭 필요한 정보들을 자세하게 다루고 있다.

친칠라의 정의

친칠라는 이름만큼이나 이국적인 동물인데, 이처럼 독특한 이름은 어디에서 유래됐을까. 케추아어(Quechuan languages)는 고대 잉카제국에서 사용됐고 오늘날에는 중앙안데스(Central Andes)[1] 일대에서 사용되고 있는 언어이며, 전문가들은 Chinchilla(친칠라)가 케추아어로 '조용하다'란 뜻의 chin(친)과 '용감하다' 또는 '강인하다'란 뜻의 sinchi(신치)에 대한 음성학적 표현이라고 여긴다. 여기서 친차족(Chincha Indians)이란 이름의 유래도 유추해볼 수 있다.

친차족은 고기와 가죽을 얻기 위해 친칠라를 사냥했으며 집에서 기르기도 했는데(아마도 친차족이 세계 최초로 친칠라를 반려동물로 기른 사람들일 것이다), 1500년대 초 친차족을 만난 스페인 침략자들이 친칠라라는 단어를 만들어낸 것으로 추측된다. 다시 말해 스페인 침략자들이 친차족이 애용하는 이 동물을 친칠라라고 부른 데서 그 이름이 유래됐을 가능성이 있다. chin과 sinchi란 단어에 '작다'는 의미의 스페인어 'lla(랴 또는 라)'가 붙으면서 'chinchilla'란 단어가 생겼으며, 친차족의 이름을 따서 명명된 '작은 친차족(Little Chincha)'이라는 의미로 해석될 수 있다. 세 단어가 합쳐진 친칠라란 이름은 말 그대로 '작고 조용하며, 용감하고 강인하다'는 뜻을 나타낸다. 그러나 실제로 친칠라가 항상 조용한 것은 아니기 때문에 이러한 수식어가 친칠라의 성질을 정확하게 묘사한다고 볼 수는 없다. 이와 관련해 더 자세한 이야기는 나중에 언급하도록 하겠다.

라틴어 라니게르(laniger)는 '털북숭이'란 의미이고, 브레비카우다타(brevicaudata)는 '짧은 꼬리'란 의미다. 오늘날 존재하는 친칠라 라니게르(*Chinchilla laniger*, 긴꼬리친칠라)와 친칠라 브레비카우다타(*Chinchilla brevicaudata*, 짧은꼬리친칠라) 두 종의 이름은, 케추아어와 라틴어의 합성어에 스페인어가 가미된 재미있는 조합의 단어다. 1700년대 친칠라의 학명은 무스 라니게르(*Mus laniger*)였는데, 전문가들 사이에서 이 설치류의 외향적 특성과 그 특성을 바탕으로 붙여진 학명의 정확성에 대해 의견이 일치되지 않았다. 간혹 친칠라 라니게르 대신 친칠라 라니게라

---

[1] 미국 고고학에 있어서 문화영역의 하나이며, 동부의 열대우림지대를 제외한 페루 전역과 볼리비아 고원의 페루와의 국경 부근 티티카카 분지를 포함하는 지역을 이른다. 페루 해안의 하천유역과 안데스 고지에 형성된 여러 개의 넓은 분지 형태의 고원에서 옛부터 집약농경이 행해졌고 높은 수준의 문화가 번영해 고전기, 후고전기 단계에까지 발전했다.

친칠라는 긴 수염을 이용해 장애물을 피하고 길을 찾는다.

(*Chinchilla lanigera*)라는 학명을 사용하는 학자들도 있었는데, 국제동물명명규약 위원회(International Commission on Zoological Nomenclature, ICZN)가 친칠라 라니게르(*Chinchilla laniger*)를 친칠라의 공식적인 학명으로 사용할 것을 요청하면서 그간의 논란이 일단락됐다.

친칠라의 학문적 분류

동물, 곤충 그리고 식물은 그들이 지닌 차이점과 유사점을 기준으로 분류되고 그룹 지어지며 계(界, kingdom), 문(門, phylum), 강(綱, class), 목(目, order), 과(科, family), 속(屬, genus), 종(種, species)의 순으로 이름이 붙여진다. 각각의 점진적인 범주와 함께 같은 그룹으로 분류된 동물은 생물학적으로 더욱 밀접하게 연관돼 있다. 예를 들어, 이 지구상의 모든 동물은 동물계(動物界, *Animalia*)에 속하지만, 오직 설치류만이 설치목(*Rodentia*, 쥐목)에 속하며 생물학적으로 공통된 특징을 나타낸다.

동물은 그 동물이 속해 있는 그룹이 지닌 특성에 따라 이름을 붙일 수 있으며, 처음 발견한 사람의 이름 또는 심지어 그 동물이 살고 있는 자연서식지의 지질학적 특징을 따서 이름을 붙이기도 한다. 앞서 언급했듯이, 친칠라는 원서식지에서 유래된 케추아어와 그들의 외모적 특징을 묘사한 라틴어가 결합된 이름이다.

친칠라는 동물계(*Animalia*), 척삭동물문(*Chordata*), 포유강(*Mammalia*), 설치목(*Rodentia*), 호저아목(*Hystricognatha*, 또는 바늘두더지아목)에 속한다. 여기서 포유(*Mammalia*)라는 단어는 젖샘 또는 유선(유방, 젖꼭지 또는 가슴)을 의미하며, 갓 태어난 포유류 새끼는 어미의 젖에서 필요한 영양소를 섭취한다. 털이 있는 모든 온혈동물은 젖샘을 가지고 있고 포유강에 속한다.

설치목 내에는 5개의 아목이 있으며, 친칠라는 그 중 호저아목(*Hystricognatha*) 내 천축서소목(*Caviomorpha*)에 속한다. 설치류는 지금으로부터 약 4000만 년 전 점신세(Oligocene period) 동안 살았던 아프리카 동물그룹(*African Phiomorpha*)의 후손이거나, 5500만 년 전 북아메리카에서 진화한 동물의 후손이라 여겨지고 있다. 천축서소목은 29개의 현세 설치류로 구성되는데, 고(古)동물학에서 '현세'는 지금으로부터 약 13,000년 전인, 마지막 빙하기의 끝부분에 해당하는 시기를 의미한다. 친칠라는 아목의 하위분류상 친칠라상과, 친칠라과, 친칠라아과에 속한다. '과'는 생물학적으로 더 밀접하게 관련된 동물들로 구성된 그룹인 '속'으로 세분된다.

이 지구상의 설치류는 적어도 426개의 속으로 분류되며, 친칠라과는 3개의 속으로 분류된다. 3개의 속은 친칠라가 속하는 친칠라속(*Chinchilla*), 산에 서식하는 비스카차(mountain viscacha)가 속하는 산비스카차속(*Lagidium*), 들에 서식하는 비스카차(*plains viscacha*)가 속하는 초원비스카차속(*Lagostomus*)인데, 이는 비스카차가 생물학적으로 친칠라와 가장 가까운 친척이라는 것을 의미한다.

과거에는 친칠라를 분류하는 방식이 지금과는 조금 달랐다. 혹자들은 친칠라를 긴꼬리친칠라(Long-tailed Chinchilla, *Chinchilla laniger*), 짧은꼬리친칠라(Short-tailed Chinchilla, *Chinchilla brevicaudata*), 코스티나라고 불리는 친칠라(Costina Chinchilla, *Chinchilla lanigera Costina*) 등 3개의 아종으로 분류했는데, 이는 주로 세 가지 유형 사이에 나타나는 서로 다른 외양적 특징에 따른 것이다. 이제 우리는 고립(또는 격리)된 개체군, 자연도태(자연선택), 인위도태(인위선택), 실험교배, 이종교배, 동종교배 등을 통해 몸의 형태, 크기, 구조, 머리 모양, 털의 품질, 색깔 등 다양한 특징을 지닌 친칠라를 생산할 수 있게 됐다.

비슷한 서식환경 속에서 살고 이 환경에 적응하면서 진화해온, 밀접하게 연관된 (그러나 다른) 종은 특징을 공유하거나 서로 매우 유사한 모습을 지니고 있을 수 있다. 이와 같은 방식으로, 같은 종이라 할지라도 다른 환경 속에서 고립된 채 산다면, 각각 처한 환경에 좀 더 구체적으로 적응할 수 있고 서로 다른 모습을 갖게 될 수 있다. 코스티나친칠라가 적절한 사례라 할 수 있는데, 코스티나친칠라는

현재 친칠라는 긴꼬리친칠라와 짧은꼬리친칠라의 단 두 종이 존재한다.

스탠더드 그레이 친칠라는 안데스산맥의 화산암 지대에 주로 서식하며, 보호색으로 인해 눈에 잘 띄지 않는다.

실제로 긴꼬리친칠라의 또 다른 모습이다. 코스티나친칠라에게서 나타나는 신체의 특징과 털의 유형이 긴꼬리친칠라에서는 일반적으로 발현되거나 관측되지 않지만, 긴꼬리친칠라의 유전자 풀에 분명히 존재하는 유전자가 발현된 결과라고 가정하는 것이 타당하다. 코스티나친칠라가 긴꼬리친칠라와 전혀 별개의 종이 아니라고 주장하는 근거는, 코스티나친칠라와 긴꼬리친칠라를 교배했을 때 성공적인 번식이 가능하기 때문이다. 서로 다른 종은 이종교배와 번식에 성공할 수 없다. 2004년에 실시된 최신 유전자연구도 코스티나친칠라와 긴꼬리친칠라가 같은 종임을 뒷받침한다. 이 연구를 통해 이 지구상에는 오직 2개의 친칠라종, 즉 긴꼬리친칠라와 짧은꼬리친칠라만이 존재한다는 사실이 밝혀졌다.

친칠라에 대해 연구하면 할수록 친칠라를 남아메리카 호저아목 설치류로 분류하는 문헌을 접하게 될 것인데, 혼동하지 않도록 한다. 호저아목(Hystricognatha)이라는 단어는 체계적인 분류 및 구조적 의미를 모두 내포하고 있다. 호저아목의 설치류는 특정 설치류 종에서 보이는 두개골 및 근육구조의 특이한 유형이 나타나며, 호저하악골(hystricognathous mandible)이라 불리는 매우 드문 유형의 아래턱 구조를 지닌다. 이처럼 다양한 동물학상의 명칭은 단순히 과학자들이 친칠라의 기원과 진화, 그들의 조상, 세대를 걸친 친척동물에 대해 믿고 있는 바를 반영하는 것에 불과하다는 점을 염두에 두고 공부를 해나가는 것이 좋겠다.

친칠라의 분류학적 특징

친칠라는 '가장 성공적으로 진화하고 종류가 다양하며 수가 많은 포유류 종'인 설치류에 속한다. 설치류를 의미하는 'rodent'와 쥐목을 의미하는 *'rodentia'*는 '갉아대다'라는 라틴어 'rodere'에서 파생된 단어다. 설치류는 이빨이 지나치게 길게 자라는 것을 막기 위해 지속적으로 단단한 물체를 갉아대는 습성이 있으며, 이런 습성을 바탕으로 이와 같은 이름이 붙여졌다고 할 수 있다. 설치류의 이빨은 죽을 때까지 계속 자라는데, 이는 모든 설치류가 공유하는 가장 중요한 특징이다. 여러분이 기르고 있는 친칠라의 성격, 습성과 적합한 사육방식을 보다 잘 이해하기 위해서는 설치류의 일반적인 습성과 특징에 관해 공부할 필요가 있다.

설치류는 놀라울 정도로 일관된 해부학적 특징을 지니고 있는데, 이빨과 골격구조의 유사성, 출생지 그리고 습성에 따라 분류된다. 모든 설치류는 위아래 각각 2개씩 총 4개의 앞니를 지니고 있으며(아래쪽 앞니는 위쪽 앞니보다 더 길다), 이 앞니는 턱의 기저에서 밀어올려지며 일생동안 지속적으로 자란다. 친칠라는 딱딱한 물

코스티나친칠라(Costina Chinchilla)에 대한 오해와 진실

오래된 문헌을 보면, 코스티나친칠라에 대해 언급돼 있는 것을 발견할 수 있다. 코스티나친칠라는 뾰족한 코, 좁고 긴 귀, 호리호리하고 작은 몸, 굽은 등을 가지고 있었기 때문에 일부 사람들에 의해 긴꼬리친칠라, 짧은꼬리친칠라와는 완전히 다른 종이라고 간주됐다. 게다가 길고 덥수룩한 털이 엉덩이까지 뒤덮여 있었고, 햇볕에 그을린 듯한 누런색을 띠고 있었으며, 왕성한 번식력을 가지고 있었다. 코스티나친칠라는 주로 저지대에 서식했고, 몸무게는 226~311g 정도였다.
코스티나친칠라가 실제로는 긴꼬리친칠라의 변종이라고 생각한 일부 과학자들은 때때로 코스티나친칠라를 친칠라 라니게라 베네트(*C. lanigera bennett*) 또는 친칠라 라니게라 코스티나(*C. lanigera costina*)라고 불렀다. 코스티나 유형은 야생에서 긴꼬리친칠라가 낮은 고도 등 지리적인 요인의 영향을 받았거나 환경에 적응하면서 생긴 것일 수도 있다. 또는 다른 긴꼬리친칠라 무리에서 유전적으로 고립돼 몸, 털 그리고 생식능력에 변화가 생긴 결과인지도 모른다. 보다 자세하게 유전학 연구를 진행한다면 더 많은 사실을 밝혀낼 수 있을 것이다. 지금으로선 가장 큰 미스터리가 풀리고 코스티나친칠라의 정체가 어느 정도 밝혀졌다는 사실만으로도 기쁜 일이다.

체를 끊임없이 갉아서 앞니를 마모시켜 이빨의 성장을 억제하고, 위아래 앞니가 서로 부딪혀 깎이게 함으로써 끝과 같은 날카로움을 유지한다. 친칠라의 앞니에는 잇몸에 박혀 있는 뿌리 부분을 제외하고는 신경이 없기 때문에 계속 마모시켜 날카로운 단면을 유지할 수 있다.

설치류는 송곳니가 없기 때문에 앞니와 앞쪽의 작은어금니 사이에 치극(齒隙, diastema)이라 불리는 꽤 넓은 공간이 형성돼 있다. 설치류의 어금니(작은어금니와 큰어금니)는 앞니와 마찬가지로 평생 동안 계속해서 자라며, 이 어금니를 이용해 먹이를 잘게 부순다(친칠라는 먹이를 씹지 않고 잘게 부수거나 갉아서 섭취한다). 설치류의 어금니는 이와 같이 특이한 패턴을 나타내는데, 턱의 구조뿐만 아니라 특이한 이빨의 패턴은 동물학자들과 고생물학자들이 설치류의 진화과정, 종간의 관계 및 출생지를 연구하는 데 유용하게 사용된다.

랫(rat, 생쥐보다 몸집이 크고 꼬리가 길며 실험용 쥐로 이용), 생쥐 그리고 햄스터 등 좀 더 일반적인 일부 설치류는 이미 우리에게 친숙한 동물인데, 친칠라는 이들과 생김새만 다른 것이 아니라 완전히 다른 종류의 설치류다. 친칠라는 요구되는 특정 영양분이 정해져 있고, 특정 약물에 민감하게 반응하며, 특별한 행동을 보인다.

친칠라의 임신기간은 대부분의 다른 설치류의 임신기간보다 훨씬 길다. 햄스터와 생쥐 같은 설치류의 임신기간은 2.5~3주(16~21일)인 반면, 친칠라의 임신기간은 3달 이상이다 (긴꼬리친칠라의 임신기간은 105~118일이고, 짧은꼬리 친칠라의 임신기간은 128일 이상이다).

친칠라새끼는 이빨이 모두 나 있고 눈을 뜬 상태로 태어난다. 갓 태어난 새끼친칠라는 온몸이 털로 덮여 있고, 태어난 지 한 시간 내에 걸을 수 있다. 반면에 랫, 생쥐, 햄스터의 갓 태어난 새끼는 몸에 털이 전혀 없으며, 대략 2주(10~14일) 동안 눈도 제대로 못 뜬다. 이처럼 여러분의 소중하고 사랑스러운 반려동물인 친칠라는 보통의 일반적인 설치류와 완전히 다르다는 점을 알아두도록 하자.

친칠라는 귀와 청력을 연구하기 위한 의학적 연구에 이용된다. 친칠라 브리더들은 자신의 친칠라를 사진 속 친칠라의 귀에 달린 표식과 같은 귀표(ear tag)로 식별한다.

분류에 대한 논란

친칠라를 생물학적으로 분류하는 것은 쉬운 일이 아니기 때문에 명명법, 분류학과 각종 이론들에 대해 복잡하게 느껴지는 것은 당연하다. 동물학자 및 고생물학자들은, 자연사에 남아 있는 증거가 희박하고 화석기록 또한 보잘것없어 오랜 기간 연구에 어려움을 겪었으며, 게다가 전문가들이 항상 의견일치를 보는 것도 아니었다. 이제 자연이 남긴 증거가 분자생물학과 만나면서 친칠라를 분류하는 작업을 둘러싸고 학자들 사이에서 의견이 강하게 부딪히기 시작했다.

일부 과학자 그룹은 다양한 설치류의 유전물질을 분석하고 비교했으며, 남아메리카 설치류는 랫, 생쥐와는 충분히 다른 동물이기 때문에 설치목에서 제외시켜야 한다고 주장했다. 그들은 설치류 분류체계를 다시 정리해야 하며, 친칠라와 친칠라의 친척뻘 되는 일부 동물(기니피그를 포함해)을 별도의 목으로 분류해야 한다고 생각했다. 반면, 대다수의 과학자들은 추가적인 연구를 통해 친칠라가 설치목이 아니란 증거가 나오지 않는 이상 친칠라는 분명히 설치목에 속하는 동물이라고 주장한다. 그들은, 설치목에 속하는 동물들에게서 광범위한 차이점이 발견되는 것은 사실이지만 겨우 세 가지 종류의 설치동물의 유전자를 분석한 자료를 근거로 친칠라가 설치목에 속하지 않는다는 포괄적인 결론을 내리는 것은 성급한 행동이라고 주장한다(지구상에는 2000종 이상의 설치류가 존재한다).

또한, 골격구조, 머리 부위의 근육, 이빨 그리고 턱 근육 등 오직 설치류가 지니는 해부학적 특징이 친칠라에서도 나타난다는 점을 강조한다. 설치류 특유의 추가적인 특징들 또한 외견상으로는 분명치 않다. 예를 들어, 설치류에게서 발견되는 태막뿐만 아니라 태아발달 패턴은 포유류에서만 나타나는 특징이다.

친칠라의 이빨은 평생 자란다. 이빨이 지나치게 성장하는 것을 막고 항상 날카롭게 유지하기 위해서는 친칠라가 씹을 수 있는 장난감을 마련해줘야 한다.

친칠라에 대해 많은 사실을 알게 됐지만 아직 밝혀지지 않은 사실도 여전히 많고, 새로운 사실이 밝혀질 때마다 새로운 의문점이 또 생겨난다. 놀랍게도 친칠라를 둘러싼 역사적 사실과 미스터리를 풀수록 친칠라의 정체에 대한 불확실성은 커져간다. 모든 의문에 대한 해답을 얻는 데는 꽤 긴 시간이 걸릴 것이다. 친칠라를 둘러싼 풀리지 않은 미스터리가 아직 많지만, 조용하고 온순한 친칠라가 이 지구상에서 가장 사랑스럽고 흥미로우며, 매력적인 설치류라는 사실에 이의를 제기할 사람은 없을 것이다.

긴꼬리친칠라와 짧은꼬리친칠라

자연계에서 이종교배가 일어나기도 하는데 (진정한 종에 대한 자연의 법칙 중 하나는 이종교배 및 성공적인 번식을 이뤄내는 능력이 있는가 하는 것이다), 이종교배를 통해 태어난 종이 번식에 성공하면 새로운 종을 형성한다(이것이 가능하다면 그들은 같은 종의 일원이다). 그런데 이종교배로 태어난 잡종동물에게 생식능력이 없는 경우가 있다(일부 동물의 경우 이종교배는 가능하지만 그 자손은 하이브리드로서 생식능력이 없는 경우가 있다). 예를 들어 말과 당나귀는 이종교배를 할 수 있고 노새 또는 버새가 태어나는데, 이들은 생식능력이 없다(아주 특이한 극소수의 경우에는 생식능력을 지니고 태어나기도 한다).

친칠라에게도 유사한 현상이 발견된다. 긴꼬리친칠라와 짧은꼬리친칠라를 이종교배하면, 임신기간은 긴꼬리친칠라나 짧은꼬리친칠라의 평균적인 임신기간과 비슷하나, 태어난 잡종 친칠라가 수컷일 경우 생식능력이 없다. 친칠라 잡종 암컷은 생식능력이 있는 경우가 있기도 한데, 생식능력이 있는

북아메리카에서 반려동물로 길러지는 친칠라는 긴꼬리친칠라다.

잡종 암컷과 긴꼬리친칠라 또는 짧은꼬리친칠라와의 역교배를 통해 탄생한 친칠라의 2/3는 생식능력이 없다. 자연의 법칙에 따르면, 친칠라의 두 유형, 즉 긴꼬리친칠라와 짧은꼬리친칠라는 완전히 다른 별개의 종이다. 야생 긴꼬리친칠라와 반려동물로 길러진 긴꼬리친칠라의 미토콘드리아 DNA로부터 유전자배열을 분석한 연구결과는 이러한 자연의 법칙을 다시 한 번 확인시켜준다.

유전자배열분석 연구에서 다른 친칠라종에서는 나타나지 않는 특징이 한 종에서 발견됐고, 게다가 긴꼬리친칠라와 짧은꼬리친칠라는 22개의 분자(영역)에서 차이점을 보였다. 또한, 긴꼬리친칠라의 유전물질에서 짧은꼬리친칠라의 유전적 형질이 전혀 발견되지 않았다. 이 모든 것이 의미하는 바는 무엇일까. 이는 긴꼬리친칠라와 짧은꼬리친칠라가 둘 다 64쌍의 염색체를 가지고 있다고 할지라도 서로 완전히 다른 종임을 뒷받침하는 증거라고 할 수 있다.

Section 02

친칠라의 역사와 현황

일부 친칠라 관련 서적들을 살펴보면, 친칠라와 비슷한 외양의 고대동물인 메가미(Megamy)가 진화해 지금의 친칠라가 됐고, 메가미는 그 크기가 대략 소만 했다고 주장하는 것을 볼 수 있다. 당시 이 지대에 지금과는 달리 거대한 초식동물이 서식할 수 있도록 초목이 우거져 있었고 또 이 거대한 초식동물이 산악지형에 적응해 생활한 것이 아닌 한, 그처럼 큰 초식동물이 먹이를 찾기 위해 척박한 안데스산맥의 화산암지대를 뛰어다녔다는 것은 상상하기 힘들다. 100% 확신할 수는 없지만, 친칠라는 분명히 발견 당시 살고 있던 곳의 바깥 지역에서 살았던 적이 없는 것으로 보인다.

친칠라의 조상에 대한 뜨거운 논쟁

친칠라와 같은 바늘두더쥐류 동물에 대해서는 제대로 된 화석이 남아 있지 않기 때문에 그 기원이 무엇인지가 수십 년 동안 학계에서 열띤 토론의 주제였다. 친

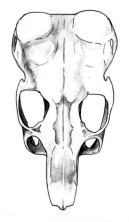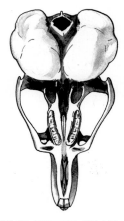

친칠라의 두개골은 그들의 진화과정, 조상 그리고 다른 설치류와의 관계에 대해 많은 것을 알 수 있게 해준다.

칠라의 진정한 기원에 대해서도 과학자들 사이에서 활발한 담론이 계속되고 있다. 모든 남아메리카 설치류는 언젠가, 어딘가에서 살았던 고대동물의 공통된 조상을 갖는다는 것이 학계의 일반적인 정설이다. 그러나 그 동물이 언제 그리고 어디에 서식했는지는 아직 풀리지 않은 수수께끼로 남아 있다.

런던동물학회(Zoological Society of London)의 회의록을 보면, 학자들이 친칠라와 다른 바늘두더쥐류 동물에 대해 이미 알려진 사실뿐만 아니라 아직 알려지지 않은 사실에 대해서도 논의를 계속하고 있다는 것을 알 수 있다. 많은 연구자들은 친칠라의 조상이 신생대 제3기의 에오세기(Eocene period)[2] 동안 북아메리카에서 왔으며, 아프리카에 서식하는 유사한 설치류와는 별도로 진화했다고 확신한다. 과학자들은 특정한 두개골, 턱뼈, 이빨의 발달에 대한 생각을 근거로 친칠라가 아프리카에 서식했던 고대 설치류의 직계자손이 아님을 주장한다. 실제로 텍사스와 중앙아메리카에서 이들의 주장을 뒷받침하는, 가능성 있는 조상 설치류의 화석이 발견되기도 했다. 일부 과학자들은 친칠라의 조상이 시기는 같지만 매우 원시적인 아프리카 포유동물로부터 진화했다고 믿는데, 그 포유동물 자체도 일부는 아프리카에서 일부는 유라시아에서 유래됐다고 주장한다.

추정컨대 친칠라는 지금으로부터 거의 4000만 년 전인 에오세 중기부터 올리고세(Oligocene period)[3]까지 나뭇잎, 나뭇가지 등을 타고 조류에 휩쓸려 대서양을 건넜을 것으로 보인다. 말도 안 되는 소리처럼 들리겠지만, 이는 의외로 아주 흔한

---

2) 신생대 제3기(Tertiary period) 팔레오세와 올리고세 사이에 위치한 지질시대로서 약 5500만 년 전부터 약 3800만 년 전까지이며, 해당하는 시기. 시신세(始新世)라고도 한다.　**3)** 신생대 제3기의 중기에 속하는 지질시대 명칭이며, 에오세와 마이오세 사이에 해당한다. 점신세(漸新世)라고도 한다.　**4)** 판구조론은 지진의 원인을 설명하는 대표적인 학설로, 지구 표면이 여러 개의 판으로 이뤄져 있고, 이들의 움직임과 상호작용으로 화산활동 및 지진 등이 발생한다는 이론이다.

이주방식이었다. 게다가 판구조론(Plate tectonics, 혹은 대륙이동설 Continental drift)[4]에 따르면, 이 시기에 대륙은 서로 아주 가까이 위치했다. 수백만 년 전 대서양 횡단거리는 대략 8300km에 불과했는데, 지금의 횡단거리와 비교하면 아주 짧지만 그래도 몸집이 작은 고대 설치류에게는 목숨을 건 횡단이었을 것이다. 과학자들은 서아프리카와 남아메리카에 서식하는 설치류의 몸속에서 마비를 일으키는 특정 기생충을 발견했는데, 이 기생충은 고대 설치류가 나뭇잎, 가지 등을 뗏목 삼아 대서양을 건넜다는 주장을 뒷받침하는 근거가 된다. 설치류가 바다를 건너 이주할 때 이 기생충도 설치류와 함께 바다를 건너왔다는 것이다.

그렇다면 과연 정말로 친칠라는 고대에 살았던 대형 포유류인 메가미가 진화한 것일까. 이 가설을 뒷받침하는 근거는 무엇일까. 이 미스터리를 풀기 위해서는 아무래도 더 많은 화석과 증거들이 발견되고, 분자분석 등을 통한 과학적 연구가 지속적으로 진행돼야 할 것이다. 그때까지 친칠라의 조상을 둘러싼 흥미로운 비밀은 사람들의 호기심을 자극하는 큰 미스터리로 계속 남아 있을 것이다.

뽕나무 잎을 먹고 있는 다크 에보니(Dark Ebony) 친칠라의 모습

1700년대 후반, 대량의 털가죽 유럽으로 수출

우리는 까마득한 옛날에 살았던 친칠라에 대해서는 알지 못한다. 그러나 잉카문명이 탄생하기 전 친칠라의 터전에 인간이 발을 들인 순간부터 사람들이 사치품으로 친칠라 모피를 소중하게 여겼다는 것을 알고 있다. 역사학자들은 잉카 사람들이 친칠라의 가죽과 털을 이용해 담요를 만들었고, 친차족은 고기와 가죽을 얻기 위해 친칠라를 사냥했으며 집에서 친칠라를 기르기도 했다고 말한다.

스페인의 식민지 정복자인 프란시스코 피사로(Francisco Pizarro, 1475~1541)가 1532년 11월 16일 잉카제국의 왕인 아타우알파(Atahuallpa, 1502~1533)를 사로잡아 죽이고 잉카제국을 정복했다. 이 사건을 기점으로 남아메리카의 역사와 친칠라의 운명은 영원히 바뀌었다. 잉카제국의 왕이 사망한 이후 스페인 군사들은 잉카제국을 완전히 짓밟았고, 유럽인들은 이 과정에서 친칠라를 발견해 철저하게 이용하기 시작했다. 스페인의 이사벨라(Isabella, 1451~1504) 여왕은 친칠라 가죽으로 만든 코트를 입은 최초의 유럽인으로 기록돼 있다(한 벌의 롱코트를 만드는 데 130마리가 넘는 친칠라의 털가죽이 필요하다).

1700년대 후반, 대량의 친칠라 털가죽이 유럽으로 수출됐다. 친칠라 털가죽에 대한 수요가 꾸준히 증가하자 털가죽 수출도 함께 증가했고, 1800년대에는 수백만 장의 친칠라 털가죽이 수출됐다. 1899년에만 거의 500,000장의 친칠라 털가죽이 칠레에서 수출됐다. 그 결과, 야생 친칠라의 개체 수가 급격히 줄어들었고, 당장 야생의 친칠라를 보호할 조치를 취하지 않으면 멸종할 것이 자명한 상태였다. 이에 페루, 볼리비아, 아르헨티나 그리고 칠레

친칠라에 대해 아직 밝혀지지 않은 것, 앞으로 밝혀야 할 것들이 많다. 과학자들은 풀리지 않은 친칠라의 미스터리를 해결하기 위해 지금도 연구에 매진하고 있다.

정부가 앞장서서 야생 친칠라를 보호하기 위한 법을 제정했지만, 안타깝게도 이미 야생 친칠라는 멸종 직전에 이른 상태였다. 그 와중에도 친칠라의 고급 털가죽을 얻는 데 혈안이 된 밀렵꾼이 계속 친칠라의 미래를 위협했다. 결국 1920년대 페루, 볼리비아, 아르헨티나, 칠레 정부는 힘을 모아 '야생친칠라보호구역'을 설립하기에 이르지만, 야생 친칠라를 보호하기 위한 노력은 미약했고 시기도 너무 늦었다. 이미 긴꼬리친칠라는 야생에서 찾아보기 힘들어졌기 때문에 이때 설립된 보호구역은 오직 야생의 짧은꼬리친칠라를 위한 것이 됐다.

아이러니하게도 칠레의 '아나콘다구리광산회사(Anaconda Copper Mining Company)'의 미국인 직원인 마티아스 F. 채프만(Mathias F. Chapman) 덕분에 긴꼬리친칠라를 멸종위기에서 구해낼 수 있었다. 채프만의 각고의 노력이 없었다면, 우리는 오늘날 앙증맞고 사랑스러운 긴꼬리친칠라를 볼 수 없었을 것이다.

채프만과 13마리의 친칠라

모든 역사가 그렇듯, 대대로 전해져 내려오는 이야기는 오랜 세월 동안 수많은 역사가들을 거치면서 조금씩 바뀌기 마련이다. 친칠라에 관한 이야기도 예외는 아니다. 최고의 정보원은 역사적 사건에 가장 가까이 있었던 사람이나 그 사건에 대해 직접적으로 알고 있는 사람이다(직접 그 사건을 목격했거나 사건에 직접 개입된).

동물애호가인 채프만이 처음 친칠라 털가죽을 보게 된 것은 칠레에서 일을 하던 때였다. 당시 그는 야생의 친칠라를 멸종위기에서 구하기 위해 미국으로 데리고 가서 털가죽 생산을 위한 친칠라를 사육해볼 생각이었다. 채프만은 친칠라를 잡기 위해 23명의 사냥꾼을 고용했고, 좋은 털을 지니고 있는 야생 친칠라가 많이 서식하는 것으로 알려진 고도 3170m 이상의 산에 덫을 놓았다. 이때 포획된 친칠라는 모두 긴꼬리친칠라였다(역사학자들은 총 17마리의 친칠라가 잡혔다고 믿고 있다).

여기서부터는 이야기마다 조금씩 내용이 다르다. 다만 대부분의 반려동물 전문 서적에 따르면, 칠레 정부는 채프만에게 11마리의 친칠라만 반출할 것을 허락했고, 채프만은 암컷 3마리와 수컷 8마리를 미국으로 반입했다. 그러나 당시 친칠라를 포획할 때 채프만을 도왔던 채프만의 직장동료이자 친한 친구인 파커(Parker)는 암컷 3마리와 수컷 9마리, 총 12마리의 친칠라를 미국으로 들여왔다고

사진 속 아름다운 베이지색 친칠라를 포함해 현재 우리가 반려동물로 기르고 있는 모든 친칠라가, 마티아스 채프만이 미국에 들여온 13마리 친칠라의 직계후손이라는 사실은 믿기 어려울 것이다.

자신의 책에 적었다. 그리고 파커의 책에는 (고양이 한 마리와) 12마리 친칠라의 수출을 허가하는 칠레 정부의 허가증과 미국농림부(United States Department of Agriculture)에서 발행한 12마리 친칠라의 수입허가증이 실려 있다.

채프만이 친칠라를 미국으로 반입한 과정에 있어서 명백하게 잘못 알려진 또 다른 부분은, 그가 고산지대에 서식하던 친칠라가 갑작스러운 고도변화에 스트레스를 받지 않도록 하기 위해 산에서 해안에 위치한 항구도시까지 한 번에 30m씩 아주 천천히 내려와야 했다는 이야기다. 학계 권위자인 휴스턴(Houston)과 프레스트위치(Prestwich)뿐만 아니라 파커도 이 이야기는 사실이 아니라고 말한다.

그들에 따르면, 채프만은 친칠라를 기차에 실어 포트레리요스(Potrerillos)에서 해안으로 한 번에 산을 내려왔다고 한다. 증기선 팔레나(Palena) 호를 이용해 페루 서부의 항구도시인 카야오(Callao)로 이동한 뒤, 일본 증기화물선 엔유 마루(Anyu

Maru) 호를 타고 1923년 2월 22일 캘리포니아 산페드로(San Pedro)에 도착했다는 것이다. 물론 채프만은 긴 항해 동안 친칠라가 시원한 공간에서 편안하게 지낼 수 있도록 갖은 수고를 마다하지 않았다. 항해 도중에 한 마리가 죽고 두 마리의 친칠라가 태어나면서 1923년 2월 22일 총 13마리의 친칠라가 미국 땅을 밟았다고 파커는 말했다. 여기서 또 이야기가 갈라진다. 일부에서는 친칠라새끼 한 마리가 태어났다고 전해지고, 일부에서는 11마리의 친칠라가 미국에 도착했다고 전해진다. 그러나 파커가 제공한 정보가 가장 신빙성이 있는 것으로 보인다. 수의학계는 총 13마리의 친칠라가 미국에 반입됐고, 현재 미국 내에서 반려동물로 길러지고 있는 친칠라는 1923년 채프만이 미국으로 데리고 들어온 13마리 친칠라의 직계후손이라고 인정하고 있다.

어찌됐든 채프만의 결단과 헌신 덕분에 미국에서 친칠라 농장이 문을 열었다. 각고의 노력 끝에, 채프만은 친칠라를 100마리로 번식시키는 데 성공했다. 안타깝게도 채프만은 수십 마리의 친칠라를 도둑맞았는데(기록마다 다르지만, 32마리에서 거의 50마리의 친칠라를 도난당했다고 한다), 이 친칠라들은 독일로 건너갔다가 보살핌을 제대로 받지 못해 모두 죽었다고 한다. 이렇듯 수많은 난관이 있었지만 채프만은 수년에 걸쳐 친칠라 무리를 늘렸고, 그 결과 20세기에 친칠라 농장 수백 개가 문을 열었다. 일부 기록에 따르면, 1950년대까지 10~50마리의 친칠라가 매년 미국으로 수출됐다고 한다(친칠라 농장, 브리더, 수입, 색깔 그리고 친칠라 쇼에 관한 자세한 기록은, 산재한 정보들을 정리해놓은 '유용한 웹사이트와 참고문헌(239쪽)'을 참고하기 바란다. 정보의 출처마다 역사적 기록, 쇼 규칙 또는 털 색깔의 정의 등이 달리 전해진다).

1800년대 중반 이후, 친칠라는 전 세계 실험실에서 귀와 청력을 연구하기 위해 이용되기 시작했다. 다른 설치류에 비해 실험용 동물로 널리 이용되는 것은 아니지만, 친칠라는 의학의 발전과 인간의 건강증진에 크게 기여해왔다. 다행스럽게도 오늘날 모든 친칠라가 모피용이나 실험용으로 사육되는 것은 아니다. 많은 친칠라가 앙증맞은 외모와 사랑스러운 애교로 애호가들의 마음을 사로잡아 소중한 반려동물로 각광받고 있다. 현재 우리가 사랑하는 친칠라가 채프만과 긴 항해를 거친 13마리 친칠라의 후손이라는 것은 상상만 해도 아주 놀라운 사실이다.

Section 03

친칠라의 생태

친칠라를 더욱 건강하고 아름답게 기르기 위해서는 친칠라라는 동물이 서식하는 환경과 생태에 대해 알아야 한다. 이번 섹션에서는 친칠라에 대한 이해를 돕기 위해 그들의 생태에 대해 간략하게 살펴보기로 한다.

친칠라의 종류

현재 친칠라는 짧은꼬리친칠라(Short-tailed chinchilla, *Chinchilla brevicaudata*)와 긴꼬리친칠라(Long-tailed Chinchilla, *Chinchilla laniger*)의 두 종이 살고 있다. 이름에서 알 수 있듯이 짧은꼬리친칠라는 긴꼬리친칠라에 비해 꼬리가 짧고, 두꺼운 목과 어깨 그리고 짧은 귀를 가지고 있다. 짧은꼬리친칠라는 현재 멸종위기에 처해 있으며, 긴꼬리친칠라의 경우 드물기는 하지만 야생에서 개체를 찾아볼 수 있다. 일반적으로 우리가 반려동물로 기르고 있는 길들여진 친칠라는 긴꼬리친칠라종으로부터 번식된 것으로 알려져 있다.

친칠라의 서식지

친칠라는 안데스산맥과 칠레의 중북부 산악지대와 같이 척박한 지형에서 주로 서식한다. 털가죽을 얻기 위한 남획으로 개체 수가 급감하기 전인 수백 년 전만해도 칠레(Chile), 볼리비아(Bolivia), 아르헨티나(Argentina) 그리고 페루(Peru)의 일부 지역에서도 쉽게 발견됐지만, 개체의 분포율이 과거에 비해 현저히 감소되면서 현재는 멸종위기에 처해 있다. 야생의 친칠라는 멸종위기동물로 지정돼 포획 및 거래를 엄격히 금하고 있으나, 개체 수는 매년 계속해서 줄어들고 있다.

친칠라의 개체 수가 이렇게 감소하고 있는 이유는 고립된 서식환경, 화전과 채집으로 인한 알가로빌라(algarobilla, 콩과의 열매로 친칠라의 주식이 됨) 관목의 감소를 들 수 있으며, 데구(Degus)와 같은 서식지 내 다른 설치류와의 생존경쟁이 요인이 됐을 가능성도 있다. 혹자들은 친칠라의 고급 털가죽을 얻기 위한 무분별한 불법포획을 친칠라 개체 수 감소의 가장 큰 원인으로 꼽는다. 그나마 다행스러운 것은 친칠라가 사육 하에서 건강하게 잘 자라고 번식도 잘 된다는 점이다. 미국에 서식하고 있는 친칠라의 대부분(99% 이상)이 긴꼬리친칠라(C. laniger)이고, 칠레의 보호구역에서 서식하는 친칠라의 대부분(99% 이상)이 짧은꼬리친칠라(C. brevicaudata)다.

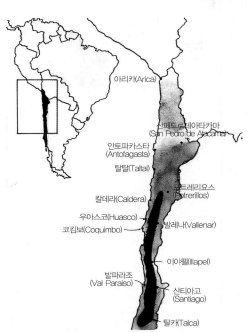

아리카(Arica)

산페드로데아타카마
(San Pedro de Atacama)

안토파가스타
(Antofagasta)

탈탈(Taltal)

포트레리요스
(Potrerillos)

칼데라(Caldera)

우아스코(Huasco)

코킴보(Coquimbo)

발레나(Vallenar)

이아펠(Illapel)

발파라조
(Val Paraiso)

산티아고
(Santiago)

탈카(Talca)

수세기 전, 친칠라는 아르헨티나, 볼리비아, 칠레 그리고 페루의 일부 지역에 서식했다. 그러나 오늘날 야생 친칠라는 멸종위기종으로 분류돼 있고, 서식지도 칠레의 안데스산맥에 국한돼 있다.

친칠라의 크기와 수명

갓 태어난 친칠라의 몸무게는 35~70g 이며, 완전히 성장한 성체 친칠라의 몸무게는 600~900g 정도 된다. 다 자란 친칠라의 몸길이(코 끝부터 엉덩이 끝까지)는 26~32cm이고, 꼬리는 10~13cm이며 끝부분에 거친 털다발이 형성돼 있다.

야생의 친칠라는 멸종위기동물로 지정돼 포획 및 거래를 엄격히 금하고 있으나, 개체 수는 매년 줄어들고 있다.

친칠라의 수명은 매우 길며, 일반 가정에서 기르는 반려 친칠라는 최대 20년까지 사는 경우도 있다. 물론 개체마다 차이는 있지만, 보호자가 어떠한 먹이를 급여하고 어떠한 환경에서 보살피는지에 따라 오래 살기도 하고 단명하기도 한다.

친칠라의 외모

친칠라의 사랑스러운 외모는 넓적한 머리, 반짝이는 눈 그리고 둥근 귀에서 비롯된다. 친칠라는 장난스럽지만 온순하고 호기심 가득한 표정을 지으며, 긴 수염이 둥글넓적한 얼굴을 더욱 도드라지게 한다. 머리의 양옆으로 눈이 붙어 있어서 넓은 시야를 확보할 수 있으며, 포식자의 접근을 쉽게 알아차릴 수 있다.

친칠라는 작은 몸을 가지고 있으며, 앞다리가 뒷다리보다 훨씬 짧다. 앞발에 달린 5개의 발가락에는 짧은 발톱이 나 있고, 앞발을 이용해 먹이 등을 안전하고 편하게 잡을 수 있다. 대부분의 동물들과 달리, 친칠라의 뒷다리 정강이뼈는 대퇴골보다 길다. 뒷발은 총 4개의 발가락이 있고, 3개의 발가락에는 앞발과 마찬가지로 짧은 발톱이 있으며, 나머지 1개의 발가락에는 아주 작은 발톱이 있다.

풍성하고 부드러운 털은 길이가 2~4cm이며, 띠 모양으로 배열된다(보통 회색, 흰색 그리고 검은색 띠를 이룬다). 솜털이 보호털(솜털을 덮는 거친 털) 주변에 다발을 이루며 자라는데, 한 개의 보호털을 중앙에 두고 두 개의 솜털 다발이 형성된다. 한 개의 털구멍에서 50~75개의 털이 자라 나오기 때문에 빽빽하고 풍성한 모양을 갖추게 된다. 친칠라의 털은 그 색깔과 패턴이 매우 다양하며, 쉽게 빠진다. 대부분의 친칠라는 등 쪽에 회색, 푸른색 또는 은색 털이 나고, 배 부분에는 황백색이나 밝은 색의 털이 자란다. 이외에도 흰색, 베이지색, 황갈색부터 회색, 검은색, 여러 가지 섞인 색에 이르기까지 다양하게 분포한다(제7장 친칠라의 다양한 모색 참고).

친칠라는 예민한 청력과 큰 청각융기(Auditory bulla)를 가지고 있으며, 이러한 이유로 귀와 청력을 연구하는 데 주로 이용된다. 또한, 예리한 후각을 지니고 있다. 친칠라는 영리하고 길들이기가 비교적 쉬운 반려동물이며, 보호자를 훈련시킬 정도로 똑똑해서 어떻게 해야 보호자로부터 자신이 원하는 것을 얻을 수 있는지

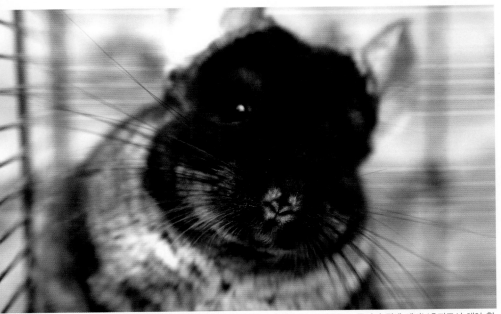

친칠라가 자신에게 적합한 반려동물인지 생각해보고, 친칠라를 반려동물로 들이기 전에 예비보호자로서 해야 할 숙제를 확실히 끝내야 한다.

긴꼬리친칠라와 짧은꼬리친칠라의 비교		
	긴꼬리친칠라	짧은꼬리친칠라
성체 수컷 몸무게	약 600g까지	680g 이상
성체 암컷 몸무게	약 800g까지	680g 이상
성체 몸길이	약 260mm	약 320mm 이상
귀	상대적으로 더 둥글고 길다. 45mm 이상	둥글고 짧다. 32mm 이하
머리	머리는 넓고 코는 뭉툭하다.	머리는 넓고 코는 뭉툭하다.
신체구조	비율이 좋고 몸과 어깨가 가늘다.	상대적으로 몸집이 크고 탄탄하며 땅딸막하고 목과 어깨가 굵다.
털의 유형	길고 빽빽하고 풍성하다.	길고 빽빽하고 풍성하다.
꼬리	상대적으로 길다. 130mm 이상	상대적으로 짧다. 100mm 이하
꼬리뼈의 개수	23개	20개

잘 안다. 친칠라를 기르다 보면 여러분은 자신도 모르는 사이에 귀여운 친칠라가 해달라는 대로 모든 것을 해주고 있는 스스로를 발견하게 될 것이다. 매일 맛있는 간식을 주고 친칠라가 원한다면 애정을 듬뿍 쏟는 자신을 발견하고 놀랄지도 모른다. 여러분은 친칠라에게 가장 좋은 장난감을 제공하기 위해 몇 시간씩 숍을 돌아다니고(또는 인터넷 검색을 하고), 사랑스러운 작은 친구와 가능한 한 많은 시간을 보내기 위해 전전긍긍하게 될 것이다. 친칠라는 밝고 꼭 껴안고 싶을 정도로 사랑스러우며, 호기심이 많은 매력적인 친구다. 이제 이 지구상에서 가장 귀엽고 부드러운 생명체인 친칠라와 즐거운 시간을 보낼 준비를 해보자.

친칠라의 번식

자연에서 친칠라는 무리(군락과 비슷한)의 형태로 사회적인 그룹을 형성해 살고 있으며, 이 무리의 규모는 14마리부터 100마리까지 다양한 범위를 이룰 수 있다. 무리를 이루는 목적은 사회적 상호교감을 위한 것뿐만 아니라 포식자로부터 개체를 보호하기 위한 것이다. 친칠라는 1년에 2번 번식할 수 있으며 임신기간은 평균 111일인데, 이는 대부분의 설치류에 비해 긴 기간이다. 이처럼 긴 임신기간으로 인해 털이 완전히 자라고 눈을 뜬 상태로 새끼가 태어나게 되는 것이다. 한 배에 태어나는 새끼의 수는 일반적으로 적으며, 대부분 두 마리가 태어난다.

Section 04

친칠라의 행동과 습성

친칠라에 대해 우리가 알고 있는 지식은 사육 하에서 그들을 관찰하면서 알게 된 사실, 연구결과 그리고 야생 친칠라에 대한 문헌에서 나온 것이다. 야생 친칠라는 사실상 볼 수 없기 때문에 대부분의 정보는 이전에 포획된 친칠라에게서 나온다. 우리는 친칠라를 관찰하고 분석하고 연구하며, 이를 바탕으로 추론하고 가설을 세운다. 그러나 무언가에 대해 알기 위해 항상 그들의 행동을 관찰해야 하는 것은 아니다. 예를 들어, 우리는 본 적도 없는 야생 친칠라가 땅굴을 파지 않는다는 사실을 알고 있는데, 이는 해부학적으로 친칠라는 암석지대에 깊은 구멍을 팔만큼 길고 강한 발톱과 강력한 앞다리가 없다는 점을 근거로 한 사실이다.

야생에서의 동물의 습성, 포획된 동물의 습성 그리고 어떤 환경에서 지금의 신체적 특징과 능력을 가지게 됐는가를 연구하고 분석하면, 그들이 왜 그런 행동을 하고 습성을 지니게 됐는지 더 잘 이해할 수 있게 된다. 예를 들자면, 야생 친칠라가 포식동물의 좋은 먹잇감이기 때문에 몸을 숨길 은신처가 필요하지만 깊은

친칠라에게 친절하게 다가가면 친칠라는 인간에게 친근하고 사랑스러운 친구가 돼줄 것이다.

땅굴을 팔 수 있는 능력이 없다는 사실은, 왜 친칠라가 바위의 갈라진 비좁은 틈이나 다른 동물이 살다가 버린 땅굴에서 생활하는 것을 선호하는지 설명해준다. 이러한 습성은 집에서 기르는 반려동물로서의 친칠라에게서도 발견할 수 있다. 물론 그들은 땅굴을 파지 않는다. 친칠라가 어딘가에 몸을 숨기는 것을 좋아하지만, 직접 굴을 파거나 숨을 장소를 만들지는 않는다. 따라서 집안에서 반려동물로 기를 때는 보호자인 인간이 친칠라에게 이러한 공간을 마련해줘야 한다.

반려 친칠라의 행동을 관찰하면서 우리는 수천 년 전 야생에서 친칠라가 어떻게 살았는지, 야생의 습성이 오늘날 어떻게 이어지고 있는지, 왜 그들이 지금 그런 행동을 하는지 그리고 어떻게 하면 그들을 더 잘 보살필 수 있는지 등에 대해 논리적인 가설을 세울 수 있다. 현재 여러분과 함께 살고 있는 친칠라의 행동과 소통방식은 수백만 년에 걸친 진화과정을 보여주는 것이며, 이러한 모습을 지켜보는 것은 대단히 흥미로운 일이다.

뛰어난 사회성

친칠라가 반려동물로서 사람들에게 사랑받게 된 가장 큰 이유는 사회성이 뛰어난 동물이기 때문이다. 동물의 성격이 사교적일수록 반려동물로서의 매력이 커진다. 사회적 관계는 친칠라 무리의 공동체생활에 있어서도 중요한 요소다. 친칠라는 소규모 가족 단위로 기를 때, 또는 같은 어미에게서 태어났거나 아주 어릴 때부터 함께 자라 서로를 잘 알고 있는 동성끼리 기를 때 가장 좋다.

친칠라는 서열을 정해 한 마리가 무리를 이끄는 우두머리가 되는데, 주로 암컷이 그 역할을 담당한다. 우두머리인 암컷은 수컷에게 매우 공격적일 수 있으며, 심지어 짝짓기를 하는 동안에도 수컷에게 공격적으로 행동할 수 있다. 여러 마리의 수컷을 암컷과 한 케이지에 넣어두는 경우 수컷끼리도 서로 싸우게 되며, 심한 경우 사망에 이를 정도로 싸움이 격해지기도 한다.

새끼친칠라는 최고의 사회성을 드러낸다. 새끼들은 부모를 졸졸 따라다니며, 일부의 경우 아빠친칠라는 자신의 뒤를 따라다니는 새끼에게 관대할 뿐만 아니라 매우 다정하게 대한다(모든 수컷이 그런 것은 아니다). 아빠친칠라는 새끼의 옆에 나란히 앉아서 그들을 철저히 보호하려 할 것이다. 새끼친칠라들이 부모를 따라다니지 않을 때는 형제 또는 자매들끼리 서로 장난을 치며 신나게 놀고, 거의 모든 시간을 함께 잘 어울린다.

친칠라 무리에 새로운 개체를 들일 경우 재빨리 서로를 탐색하기 시작하는데, 상대에게 조심스럽게 다가가 냄새를 맡는다. 만약 새로운 친칠라와 기존의 친칠라가 화합하지 못한다면, 무리의 우두머리가 새로 들어온 친칠라를 공격할 것이다. 무리에서 조화롭게 어울리는 친칠라는 그들의 동료관계를 즐긴다. 우르르 몰려다니면서 새로운 무언가를 관찰하고 함께 낮잠을 자는 것을 좋아하며, 서로 돌아가면서 보초를 서기도 한다.

친칠라는 운동용 쳇바퀴를 제외하고는 (친칠라는 일반적으로 쳇바퀴에 대한 소유욕이 매우 강해서 동료와 공유하려 들지 않는 성향이 있다), 먹이와 장난감도 동료와 사이좋게 공유하며 잘 사용할 것이다.

친칠라는 기본적으로 호기심이 많아 새로운 장소를 탐험하거나 새로운 대상을 탐색하는 것을 좋아한다.

친칠라의 기본적인 행동

친칠라가 언제 행복한지, 어떨 때 편안함을 느끼고 안전하다고 느끼는지를 파악하는 것은 그리 어렵지 않다. 신나게 놀 때, 쳇바퀴를 달릴 때, 모래목욕을 할 때, 통통 뛰어다닐 때, 그루밍을 할 때, 낮잠을 잘 때 그리고 간식을 먹을 때 친칠라가 느끼는 행복감은 동료 친칠라에게도 전염된다. 이와 같은 활동은 모두 친칠라가 건강하고 행복하다는 것을 나타내는 신호. 사람과 마찬가지로 친칠라는 다양한 행동을 보이며, 자신이 처한 상황에 따라 다르게 행동한다. 다음에 언급하는 친칠라의 여러 가지 행동들은, 보호자가 친칠라의 기분이 어떤지, 왜 그러한 태도를 보이는지 해석하는 법을 배우는 데 도움이 되는 기본적인 행동이다.

■**공격적인 행동** : 암컷 친칠라는 매우 공격적으로 변할 수 있으며, 특히 수컷에 대해 공격성을 많이 보인다. 서로 사이가 나쁜 암컷들 및 수컷들 사이에서 싸움이 발생할 수 있으며, 공격하기 전에 위협적인 소리를 내는 것을 볼 수 있다.

■**놀이 행동** : 때때로 자신의 친칠라가 점프를 하고, 머리를 흔들고 뛰거나, 토끼처럼 껑충껑충 뛰어오르며, 몸을 비틀고 마구 달리는 등의 행동을 나타내는 것을 보게 될 것이다. 이는 친칠라의 놀이 행동으로서 과학자들 사이에서는 '까불기 (frisky hops, 신나는 도약 정도로 해석된다-편집자 주)' 라고 일컫는다. '까불기' 라는 단어가 과학적인 전문용어로 들리지는 않지만, 새끼들 사이에서 가장 자주 볼 수 있는 놀이 행동을 정확하게 묘사하는 말이라고 할 수 있다. '까불기' 는 포식자로부터 도망칠 때 나타나는 행동이 진화한 형태로 여겨지는데, 새끼는 이러한 '까불기' 를 통해 성체가 돼서 포식자를 마주쳤을 때 탈출하기 위한 움직임을 연습하는 것이다. 이러한 놀이 행동은 주로 한배의 새끼들 사이에서 자주 볼 수 있다.

■**호기심과 흥미를 나타내는 행동** : 친칠라는 그야말로 모든 것에 관심과 호기심을 보이는 동물이다. 이처럼 호기심이 많은 친칠라는 보호자가 새로운 물건을 주면 서서히 접근해서 그 물건의 정체가 무엇인지 탐색할 것이다. 물론 그 물건으로부터 위협을 느낄 경우 재빨리 도망칠 수 있도록 항상 경계심을 늦추지 않는다.

■**공포로 인한 행동** : 친칠라는 공포를 느끼면 재빠르게 도망친다. 이 과정에서 사고와 부상을 당할 수 있는데, 공포를 느낀 상태에서 도망치다가 케이지 벽이나 물건에 심하게 부딪힐 수 있기 때문이다. 겁에 질린 친칠라는 자신이 심각하게 위협받고 있고 도망칠 곳이 없다고 느끼면 상대를 물 수도 있다.

친칠라가 놀랐을 때는 우선 케이지로 돌려보낸 다음, 조명을 어둡게 하고 주변의 소음을 최소한으로 줄이며 진정할 수 있도록 시간을 줘야 한다. 핸들링은 안정을 되찾은 다음에 시도하는 것이 바람직하다.

친칠라는 호기심이 매우 많은 동물이며, 보호자가 새로운 장난감을 주면 곧바로 탐색을 시작한다.

■**털을 뽑는 행동** : 한 케이지에 살고 있는 친칠라들이 서로의 털을 뽑는 모습을 볼 수 있는데, 이러한 유형의 행동은 일반적으로 케이지가 과밀한 상태이거나 스트레스가 많은 환경일 때 발생한다. 이 행동은 점점 심해지면서 공격성의 형태로 발전할 수 있으며, 주로 서열상 아래에 있는 친칠라가 공격의 대상이 된다. 때때로 '바버링(barbering, 이발)'이라고도 불리는 털뽑기 행동은 친칠라의 아름다운 털을 금세 손상시킬 수 있고, 게다가 털뭉치를 삼켜 장폐색을 일으킬 위험도 있으므로 주의를 기울여야 한다. 친칠라가 서로 털을 뽑거나 공격적으로 행동하는 모습이 보인다면, 서열이 낮은 친칠라를 다른 곳으로 옮기거나 좀 더 넓은 공간을 제공해주도록 한다.

서열이 낮은 친칠라가 어떤 녀석인지는 금방 알아차릴 수 있는데, 소위 말하는 '땜통' 또는 털이 유난히 얇은 부위가 있는 친칠라가 서열이 낮은 개체다. 우두머리나 서열이 높은 친칠라에게서는 일반적으로 탈모 증상이 나타나지 않는다.

■**털을 고르는 행동** : 촉각을 이용한 접촉(서로의 털을 만짐)은 친칠라 무리에서 중요하고도 일반적인 상호교감방식이다. 서로 사이가 좋은 성체 수컷과 암컷은 한 번에 10분 또는 15분 동안 서로의 털을 다듬어준다. 케이지 내의 동료에게 목구멍을 보이거나 상대의 턱 밑에 이마를 들이밀면 그루밍을 받고 싶다는 신호다.

친칠라의 의사소통 방식

친칠라는 시각, 청각, 후각 그리고 촉각을 이용해 동료와 의사를 소통하고 보호자를 알아차리며, 다른 동물을 식별하고 포식자를 피한다. 친칠라가 의사를 소통하는 방법에 대해 알아두면 친칠라를 기르는 데 큰 도움이 될 것이다.

친칠라의 신체언어				
	행동	상황	의미	기능
편안함	쉬기, 눈 동그랗게 뜨기, 스트레칭, 배를 깔고 바닥에 엎드려 있기, 편안하게 앉아 있기	일반적으로 케이지 또는 익숙한 장소에서 쉬고 있다.	주변 환경에 대해 편안함을 느끼고, 안전감과 안락함을 느낀다.	휴식
폴짝 뛰기, 추적, 몸 비틀기, 달리기	놀이	친숙한 존재와 마주쳤다.	친숙하고 사회적인 상호교감방식. 특히 새끼들 사이에서 나타나는 행동	포식자로부터 도망치기 위해 필요한 움직임을 연습할 수 있는 놀이 행동
놀람	구석에 몸을 웅크리고 있다. '익익' 소리를 내거나 그렁거릴 수도 있다. 케이지 안에서 달리고 벽에 부딪히면서 도망치려고 한다.	낯선 사람, 포식자, 케이지 내에 지배적이고 사이가 나쁜 친칠라가 등장했을 때, 큰 소리가 나거나 갑작스러운 움직임을 보인다.	놀라고 불안감을 느끼며, 공황상태에 빠질 수도 있다.	생존, 도망 또는 스스로를 방어하기 위한 행동
위협	앞다리를 들고 서서(특히 암컷), 동물이든 사람이든 위협을 느끼는 대상을 향해 소변을 뿌린다.	두려움과 위협을 느끼고, 구석으로 도망친다.	두려워하거나 위협을 느낀다.	자기방어를 위한 행동

■**신체언어를 이용한 의사소통** : 친칠라의 신체언어는 알아차리기 쉽다. 일단 신체언어를 해석하는 법을 배우면(42쪽 표 참고), 친칠라가 언제 행복하고 위협을 느끼는지, 언제 공격적으로 행동하는지, 언제 짝짓기 행동을 하는지 또는 언제 노는지 등을 쉽게 알 수 있다.

■**촉각과 후각을 이용한 의사소통** : 사이가 좋은 친칠라는 서로 가까이 붙어 앉는 것을 좋아한다. 그들은 적극적으로 서로의 동료를 찾고 접촉한다(촉각

여러 마리의 친칠라를 한 케이지에 합사하기 전에 그들이 서로를 알고 사이좋게 지낼 수 있도록 적절한 환경을 마련해줘야 한다. 특히 암컷 친칠라는 낯선 수컷 친칠라에게 매우 공격적이라는 점을 잊지 않도록 한다.

을 이용한 의사소통). 이렇게 밀착된 신체접촉은 서로의 후각정보를 교환하고 자신의 존재를 인식시키는 방법이 될 수 있다. 친칠라는 함께 있을 때 편안함과 안정감을 느낀다. 함께 무리를 형성해 생활함으로써 우호적인 관계를 구축한 친칠라들은 서로 무리를 유지하고 체온 및 동일한 냄새를 공유한다. 참고로 친칠라는 놀라거나 위협을 느낄 때 항문샘에서 악취를 풍긴다.

■**발성을 이용한 의사소통** : 친칠라가 내는 소리들이 어떤 의미를 가지고 있는지는 아직 전부 밝혀지지 않았지만, 자신의 현재 기분을 알리기 위해 다양한 소리(발성)를 내는 것을 확인할 수 있다. 친칠라는 청각이 매우 예민하고 시끄러운 소리에 아주 민감하기 때문에 쉽게 놀란다. 다음 44쪽의 표는 친칠라가 내는 몇 가지 주요한 소리이므로 각 소리가 어떤 의미를 지니고 있는지 익혀두도록 한다.

배설습관

친칠라는 인간에게는 매우 이상하게 보일 수 있지만 친칠라에 있어서는 지극히 정상적인 몇 가지 배설행동을 나타낸다. 이러한 행동은 친칠라의 건강뿐만 아니라 성공적인 대소변훈련과 밀접한 관련이 있기 때문에 잘 이해하고 있어야 한다.

친칠라의 발성	
소리	행동
구구구	비둘기가 구구구 하는 소리와 유사하고, 짝짓기시기에 암컷과 수컷 사이에서 구애행동을 할 때 이와 같은 소리를 낸다.
짹짹	어미와 새끼가 서로를 부를 때 작은 새가 지저귀는 소리를 낸다.
울거나 끼익 소리	부상을 입은 토끼의 비명과 거의 유사한 소리로, 크게 울거나 날카로운 소리를 낸다. 극도로 불안하거나 위협을 느끼고 있을 때 내는 소리다.
익익	놀라거나 위협을 느끼거나 부상을 당했을 때 고통스러운 울음소리를 낸다.
낙낙	고립된 수컷 친칠라가 내는 소리로 그 이유는 아직 완전히 밝혀지지 않았지만, 자신의 존재를 알리거나 흥분상태일 때 내는 것으로 추측된다.
그르렁/으르렁	다른 친칠라 또는 포식자를 위협하기 위해 내는 소리(구석에 몰려 도망칠 수 없는 상황일 경우에 내는 소리)
이빨 드러내고 으르렁	공격하기 전 또는 공격 후에 내는 소리
이빨 부딪히는 소리	겁을 먹었을 때, 고통스러울 때 내는 소리. 일부 경우에는 만족감을 느낄 때 이런 소리를 내기도 한다.

친칠라는 소변을 볼 때, 종종 케이지 밖으로 소변이 떨어질 수 있는 위치에 자리를 잡기도 한다. 케이지를 고정적으로 둘 장소를 결정하기 전에 친칠라가 배설하는 방법을 잘 지켜보고 관찰한다. 이렇게 해서 케이지를 적절한 위치에 설치하면 벽에 소변 얼룩이 생기는 것을 방지할 수 있다. 또한, 친칠라는 같은 장소에 소변을 보는데, 주로 케이지의 구석이 여기에 해당된다. 이렇게 쌓인 소변은 두껍게 굳어버리기 때문에 소변통에 깔짚을 충분히 넣고 악취가 나지 않도록 자주 갈아 줘야 한다. 배변의 경우 따로 정해진 장소가 없으며, 변의를 느끼면 케이지 내 아무 곳에나 무작위로 배변을 한다. 친칠라가 시도 때도 없이 대변을 보는 것처럼 보일 텐데, 사실 친칠라는 하루에 200개 이상의 대변알갱이를 배출한다.

■대소변훈련 : 어떤 친칠라는 고양이나 페럿의 경우처럼 전용화장실에 대소변을 보기도 한다. 친칠라에게 화장실을 사용하는 방법을 가르치는 것은 그리 어려운 일이 아니지만, 많은 시간과 노력 그리고 인내심이 필요하다. 모든 친칠라가 대소변을 가릴 수 있을 만큼 영리한 것은 아니기 때문이다. 대소변훈련은 친칠라가 새끼일 때 시작하는 것이 비교적 쉽다.

우선 청소하기 쉽고 밖으로 대소변이 새지 않는 화장실용 용기를 준비한다. 금속으로 만들어진 것이 이상적이며, 플라스틱 재질의 용기는 친칠라가 갉아 쉽게 파손될 수 있으므로 바람직하지 않다. 마분지로 된 용기도 사용하지 않는 것이 좋은데, 친칠라는 한 곳에 집중적으로 소변을 보기 때문에 마분지 재질의 용기는 소변에 젖어 구멍이 나거나 소변이 밖으로 새어나오기 쉽다.

화장실 바닥에 잘게 찢은 종이나 종이펠릿 바닥재(향이 나는 것이나 점토 또는 응고되는 바닥재는 피한다)를 깐 다음 약간의 짚을 덮어준다. 이렇게 짚을 깔아주면 화장실 바닥에 젖어서 부스러진 배설물로 인해 친칠라의 몸이 더러워지는 것을 막을 수 있다. 또한, 짚이 화장실을 더욱 매력적인 장소로 보이게 만들어 친칠라가 화장실 안으로 들어가 탐색하도록 유도할 것이다. 친칠라가 금방 배설한 대변을 약간 모

아서 화장실에 흩뿌려두면 친칠라에게 대소변을 봐야 되는 장소를 인식하게 해준다. 화장실에 뿌려진 대변을 보고 친칠라는 이것이 무엇을 의미하는지 금세 알아차리게 될 것이다. 화장실에 평평한 바위를 넣어두는 것도 좋다. 대부분의 친칠라들이 야생에서와 마찬가지로 바위 위에 소변을 보는 것을 선호한다.

친칠라는 일반적으로 배설하는 곳을 까다롭게 고르는데, 친칠라가 먹이그릇과 모래목욕통에서 대소변을 보는 방법에 대해 알고 나면 이것이 참 우습게 들릴지도 모르겠다. 대부분의 친칠라는 자신의 잠자리와 케이지를 청결하게 유지하고 한 장소를 선택해 소변을 보는 것을 선호하므로 대소변훈련 시 이런 습관을 이용하면 좋다. 친칠라가 주로 배설을 하는 케이지의 구석에 화장실을 두도록 한다.

친칠라에게 대소변훈련을 시킬 수도 있지만, 어떤 녀석은 화장실에 배설을 해야 한다는 사실 자체를 받아들이지 못할 수도 있다는 점을 염두에 둬야 한다.

대소변훈련 팁

- 일관성을 유지해야 한다. 친칠라가 배설을 선호하는 장소를 선택해서 화장실을 두도록 한다. 화장실을 항상 그 장소에 둬서 친칠라가 그 장소에서만 대소변을 보게끔 한다.
- 인내심을 가져야 한다. 모든 친칠라가 대소변훈련이 가능한 것은 아니다. 친칠라가 화장실을 사용하게 될 때까지 몇 주일이 걸릴 수도 있다.
- 보상으로 간식을 준다. 친칠라가 화장실을 사용하는 즉시 보상의 의미로 맛있는 간식을 준다.
- 향이 첨가된 것, 점토로 만든 것 또는 소변이 고이는 바닥재는 사용하지 않도록 한다.
- 어떤 상황이라도 친칠라를 큰 소리로 나무라거나 때리지 않도록 한다.

친칠라가 여러분의 의도를 알아차리는 데 수일 또는 수주가 걸릴지도 모른다. 화장실에 배설하는 모습을 발견하게 된다면, 그 즉시 맛있는 간식으로 보상을 해주면 좋다. 이러한 과정이 잘 진행되면, 친칠라는 화장실에 배설을 하는 것과 간식 사이의 연관성을 깨닫게 될 것이다.

일단 친칠라가 화장실을 정기적으로 사용하기 시작하면, 놀기 위해 케이지 밖으로 나왔을 때 화장실을 여러분이 생각하는 적당한 장소로 옮기도록 한다. 화장실을 잘 사용하지 않는다거나 단 한 번도 사용하지 않았다고 해도 낙담할 필요는 없다. 어떤 녀석은 단순히 화장실에 배설을 해야 한다는 사실 자체를 받아들이지 못할 수도 있다.

대소변훈련을 시행할 때는 어떠한 경우라도 절대 친칠라를 야단치거나 때려서는 안 된다. 친칠라를 훈육하는 것은 불가능하다는 것을 명심해야 하며, 때리거나 야단치는 등 부정적인 행동을 하면 친칠라는 혼란스러워지고 보호자를 두려워하게 될 것이다. 친칠라는 보호자의 불쾌감과 훈육행동 그리고 자신의 정상적인 배설행위 사이에서 연관성을 찾지 못하며, 그냥 변의를 느낄 때 자연스럽게 소변과 대변을 볼 뿐이다. 따라서 친칠라에게 일부라도 화장실을 사용하도록 훈련하는 데 성공했다면, 이는 실로 대단한 성취라 할 수 있다.

식분행동

식분은 자신의 배설물(대변)을 먹는 행위를 말한다. 친칠라의 대변에는 아직 소화되지 않은 영양소와 비타민B가 포함돼 있다. 친칠라가 식분행위를 할 때는 앉아 있는 상태에서 몸을 앞으로 숙이고, 항문에서 나오는 대변알갱이를 입으로 받아삼킨다. 식분행동은 친칠라에 있어서 완전히 정상적인 행동이며, 더럽다는 이유로 이러한 행동을 막을 경우 친칠라의 건강에 문제가 생길 수 있다.

Chapter 2
친칠라 사육의 기초

친칠라를 기르기 전 알아둬야 할 것,
건강한 개체 고르는 법 등에 대해 살
펴보고, 분양받기 전 고려사항들에
대해 알아본다.

Section 01

반려동물로서의 친칠라

수백 년 전 인간에게 처음으로 모습을 드러낸 순간부터 멸종 직전에 이르게 된 순간까지, 친칠라는 풍성하고 고급스러운 털로 인해 사람들에게 폭발적인 사랑을 받았다. 친칠라를 반려동물로 기르기 시작한 지는 그리 오래되지 않았는데, 비교적 최근에 반려동물로 길들여지면서 본격적으로 전 세계 동물애호가들의 마음을 사로잡았다. 동물애호가들이 친칠라가 그저 아름다운 털뭉치에 불과한 것이 아닌, 사랑스럽고 앙증맞은 존재란 사실을 인정하게 된 것이다.

친칠라는 단순히 고급 털을 이용해 많은 돈을 벌 수 있는 돈벌이 대상이 아니다. 동식물학자, 과학자 그리고 반려동물 보호자에 있어서 친칠라는 그 값을 매길 수 없는 아주 소중한 존재다. 친칠라에 대한 연구를 통해 우리는 친칠라의 역사, 생물학적 특징과 습성에 대해 많은 사실을 배우게 됐다. 이 카리스마 넘치는 작은 동물이 가진 과학적 가치를 정확히 측정할 방도는 없지만, 반려동물로서의 친칠라가 지닌 매력은 다른 어떤 동물보다 크다는 점은 부인할 수 없다.

친칠라는 호기심이 많은 동물이다. 사진 속 친칠라는 이제 막 새 모래로 목욕을 즐기려고 하는 참이다.

밝고 유쾌한 성격

친칠라는 밝고 매력적이며 장난기가 있는 동물로 유쾌한 성격을 지니고 있다. 친칠라가 많은 사람들의 사랑을 받으며 꾸준히 상승하는 인기를 누리는 것은 아주 당연한 일이다. 부드러운 털, 매력적인 털 색깔, 커다랗고 반짝이는 눈, 온화한 표정은 친칠라가 지닌 수많은 매력 중 일부에 불과하다. 친칠라가 완벽하고 멋진 반려동물이란 것은 이미 입증된 사실이며, 누구라도 친칠라를 본다면 사랑스럽고 매력적인 녀석을 당장 입양하고 싶은 마음이 들 것이다. 그러나 친칠라가 모든 사람에게 반려동물로 어울리는 것은 아니므로 입양하기 전에 과연 친칠라가 자신에게 적합한 반려동물인지 파악하는 과정이 필요하다.

뛰어난 사교성

친칠라는 매우 사교적인 동물이며, 보호자와 함께 보내는 시간이 많으면 많을수록 더욱 사교적으로 변할 것이다. 친칠라는 금방 보호자를 알아보고 정을 붙이며, 관심과 애정을 갈구한다. 심지어 보호자가 외출했다 집에 돌아왔을 때 반갑

친칠라를 기르면서 느끼는 큰 즐거움 중 하나는 친칠라가 새 장난감을 가지고 노는 모습을 지켜보는 것이다.

게 맞아준다. 풍성한 털코트를 입은 귀여운 외모의 친칠라는 사교적이고 재주가 많은 녀석이며, 여러분에게 좋은 친구가 돼주고 많은 즐거움을 선물할 것이다. 또한, 친칠라가 이웃을 귀찮게 할 일은 절대 없다. 한마디로 친칠라는 매력적이고 사랑스럽고 귀여운 반려동물이다. 이보다 더 완벽한 반려동물이 있을까.

친칠라가 때때로 여러분의 말을 듣지 않는다거나 여러분의 마음을 이해하지 못한다고 해서 실망할 필요는 없다. 여러분이 불러도 다가오지 않고, 케이지에 들어가라거나 나오라고 해도 따르지 않는 경우도 있을 것이다. 친칠라는 독립적으로 생각해서 움직이며, 기분이 좋을 때만 행동하고 애교를 부릴 것이다. 자신이 무엇을 잘못했는지 모르기 때문에 잘못을 저질렀을 때 야단을 쳐도 소용이 없다. 따라서 친칠라에게는 어떤 식으로든 벌을 주는 것은 바람직하지 않으며, 절대 때리거나 머리를 쥐어박는 등의 행위를 해서는 안 된다.

여러분이 친칠라를 따뜻하게 보살핀다면 친칠라는 여러분의 사랑에 보답할 것이다. 그러나 여러분이 거칠게 다룬다면 그들은 여러분을 더 이상 신뢰하지 않을 것이다. 친칠라는 평범한 동물이 아니며, 반려동물로 기르는 개나 고양이 또는

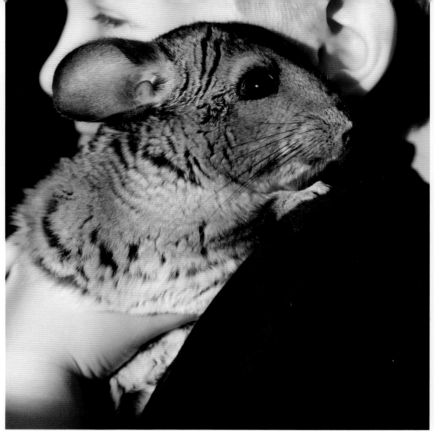

친칠라를 통해 아이들에게 반려동물이라는 존재, 사람의 보살핌의 중요성, 반려동물을 다루는 법과 생명의 존귀함을 가르칠 수 있다(어른의 관리감독 하에).

다른 설치류와는 완전히 다른 녀석이다. 바로 이러한 점이 친칠라의 매력이자 친칠라가 신비로운 이유이며, 여러분이 친칠라를 입양하기를 원하는 수많은 이유 중 하나다. 보호자로서 여러분은 친칠라를 친절하고 다정하게 대해야 하며, 그들을 이해하기 위해 노력해야 한다. 그러면 친칠라는 여러분을 절대적으로 신뢰하게 되고, 곧 사랑스럽고 다정한 친구가 돼줄 것이다.

이국적인 매력

사람들은 종종 친칠라를 두고 '이국적인 반려동물'이라고 한다. '이국적인 반려동물'이란 일반적으로 토종동물이 아니며 야생에서 살고, 사람들이 반려동물로 흔하게 기르지 않는 동물을 의미한다. 이 정의에 따르면 친칠라는 '이국적인 반려동물'이 분명하다. 친칠라는 반려동물로 길들여진 지 그리 오래되지 않았고 남아메리카 출신이기 때문이다. 그러나 친칠라는 일반적이지는 않지만 그렇다고 더 이상 희귀한 반려동물은 아니며, 다른 이국적인 반려동물에 비해 상대적으로 분양받기가 쉽다. 친칠라는 기르기에 까다롭지는 않지만, 기본적으로 신경 써야 할 부분이 분명히 있다. 편안하고 다정한 가정, 은신처와 장난감이 충분한 넓은 케이지, 쳇바퀴와 신선한 먹이 및 물, 자주 들여다보고 사랑을 듬뿍 줄 수 있는 따뜻한 보호자가 필요하다.

어린아이들과의 관계

동물, 특히 큰 동물을 무서워하는 아이들이 있다. 과거에 개에게 물렸거나 고양이에게 할큄을 당하는 등 동물에 대해 좋지 않은 추억이 있는 아이들은 친칠라와 친해지면서 이러한 트라우마를 극복할 수 있다. 부드럽고 아름다우면서 반짝이는 두 눈을 가진 친칠라는 아이들의 마음을 완전히 사로잡을 것이다. 친칠라의 매력에 빠진 아이들은 동물에 대한 두려움을 잊은 채 이 동물을 사랑하고 더 알고 싶다는 호기심을 느끼게 될 것이며, 자존감을 키울 수 있다. 어른의 가르침이 있다면 아이들은 친칠라에 대해 굉장히 많은 것을 배우고 경험할 수 있다. 친칠라의 존재만으로도 어른은 아이들에게 반려동물 자체에 대한 것, 사람의 보살핌의 중요성, 반려동물을 다루는 법과 생명의 존귀함을 가르칠 수 있다.

아이들은 자연스럽게 깨끗한 물, 좋은 먹이 그리고 깨끗한 집의 중요성을 익히게 될 것이다. 이런 과정에서 아이들은 책임감을 배우게 된다. 연령에 따라 아이들은 동물의 습성, 잠자는 패턴, 운동, 영양소, 생물학, 생식활동 그리고 심지어 색의 유전학을 배울 수 있다. 실제로 어떤 아이들은 집에서 친칠라를 기르면서 습득한 지식을 학교의 과학프로젝트나 4-H프로젝트[1]에 이용하기도 한다. 친칠라를 사랑하는 어린아이들이 언젠가 유명하고 존경받는 친칠라 브리더 또는 훈련사가 될지도 모를 일이다. 그리고 우리에게는 이 사랑스러운 동물을 더 많이 우리에게 보내줄 브리더나 훈련사가 필요하다.

---

1) 4-H클럽은 원래 농촌 청소년의 실용적 기술 교육을 목적으로 설립된 조직으로 4-H는 머리(head), 손(hands), 심장(heart) 그리고 건강(health)을 의미한다.

Section 02

친칠라 기르기 전 고려사항

친칠라는 몸집이 작은 동물이지만, 그것이 새로운 가족의 일원으로 맞이하고자 할 때 고려할 점이 별로 없다는 것을 의미하지는 않는다. 반려동물을 기르는 일은 항상 확실한 계획, 희생, 시간 그리고 비용 등 여러 면에서 보호자의 책임을 필요로 한다. 반려동물을 집안에 들일 때는 이러한 '숙제'를 완수해야 하며, 친칠라를 분양받기 전에 친칠라의 습성이나 특별한 요구사항에 대해 가능한 한 많이 알아두는 것이 바람직하다. 이것이 예비보호자와 예비반려동물이 행복한 생활을 공유할 수 있는 최선의 방법이다. 친칠라에 대해 아는 것이 곧 친칠라를 사랑하는 방법이며, 많이 알수록 친칠라가 여러분의 생활방식에 어울리는 동물인지 그리고 몇 마리의 친칠라를 기르는 것이 적당한지 판단할 수 있다.

장기적인 계획 고려하기

친칠라가 길게는 20년까지도 산다는 사실을 기억해야 한다. 20년은 아이를 키우는 데 드는 시간보다 그리고 일부의 경우 결혼생활보다 더 긴 시간이다. 반려동

친칠라를 입양하기 전에 고려해야 할 사항들을 숙지해서 자신에게 적합한 반려동물인지 판단하는 것이 중요하다.

물과 20년을 함께 산다는 것은 아주 길고 상당한 헌신과 책임이 따르는 일이다. 따라서 친칠라를 집에 데려오기 전에 먼저 자신의 장기계획을 고려해야 한다. 20년이라는 시간 동안 먹이를 주고 케이지를 청소하고 보살피는 등 친칠라를 위해 보호자로서의 책임을 다할 준비가 됐는지, 기꺼이 그 책임을 완수할 수 있을 것인지 생각해봐야 한다. 20년 동안 여러분에게는 이직, 여행, 대학입학, 이사, 가족행사 등 많은 일들이 분명히 생길 것이다. 아기가 태어나거나 새로운 반려동물을 집안에 들일 수도 있다. 이런 일들이 일어났을 때 친칠라는 어떻게 할 것인지 상상해보자. 계속 기를 수 있을 것인지 아니면 친칠라가 여러분의 장기계획에 부담이 되지는 않을지에 대한 고민이 필요하다.

그렇다면 단기계획의 경우는 어떨까. 머지않은 미래에 친칠라를 기르는 것이 부담이 될 만한 일을 계획하고 있지는 않은지 살펴봐야 하며, 세입자라면 과연 집주인이 친칠라를 기르는 것을 허락할지도 고려해야 한다. 고양이와 개를 기르는 것은 허락하지 않지만, 상대적으로 몸집이 작고 케이지에서 생활하는 반려동물을 집안에서 기르는 것을 허용하는 경우도 있으므로 친칠라를 입양하기 전에 집주인에게 미리 확인하는 것이 좋다.

친칠라를 집으로 데려오기 전에 단기계획과 장기계획을 모두 고려해서, 친칠라를 더 이상 기를 수 없어 다른 집에 보내야 하는 상황은 절대 만들지 않도록 해야한다. 친칠라가 집에 도착하기 전에 만반의 준비를 해야 하며, 철저한 사전계획은 여러분과 친칠라가 바뀐 환경에 무난하게 적응하는 데 큰 도움이 될 것이다.

친칠라의 성격

친칠라는 기본적으로 밝고 유쾌한 동물이지만 개체에 따라 각각 다른 성격을 지니고 있다. 대부분은 활동적이어서 가만히 보고만 있어도 즐겁다. 친칠라의 익살스럽고 귀여운 행동을 보느라 시간이 어떻게 가는지도 모를 것이다. 상대적으로 차분하거나 내성적인 친칠라도 있다. 많은 친칠라가 사람의 손길을 즐기기는 하지만, 사람들이 손으로 자신을 만지는 것은 원치 않는다. 친칠라가 아무리 어리더라도, 보호자가 친칠라와 친해지려고 아무리 애를 써도 말이다.

사람의 품에서 편안해하는 개체가 있는가 하면, 벗어나려고 몸부림치는 개체도 있다. 어떤 친칠라는 다정한 성격을 지닌 반면, 어떤 친칠라는 무뚝뚝한 성격을 나타낸다. 이처럼 친칠라의 성격은 사람의 성격만큼 개체마다 다양하므로 친칠라를 집에 데려오기 전에 여러분이 꿈꾸던 성격을 지닌 친칠라인지 미리 확인하는 것이 좋다.

보호자의 라이프스타일과 헌신

먼저 자기 자신과 가족에 대해 생각해보도록 한다. 여러분의 생활습관과 직업은 친칠라가 여러분의 라이프스타일에 적합한 반려동물인지를 판단하는 데 중요한 요소다. 반려동물을 새로운 가족의 일원으로 들이는 것은, 항상 행복하고 긍정적이며 스트레스를 받지 않는 경험이어야 한다.

친칠라는 개체에 따라 다양한 성격을 지니고 있으므로 자신에게 맞는 성격을 지닌 친칠라인지 미리 확인하고 입양하는 것이 좋다.

친칠라를 오랫동안 기르고 보살필 책임을 질 준비가 됐는지 그리고 기꺼이 그 책임을 다할 것인지 고민해보자.

반려동물을 기르는 데는 많은 이점이 있다. 보호자와 반려동물의 긴밀한 유대감은 생리적인 이점과 심리적인 이점을 가져다준다. 보호자는 누군가가 자신을 원하고 필요로 하며 사랑한다고 느끼게 되는데, 실제로 그렇다. 반려동물은 먹이와 보살핌을 받기 위해서 보호자에게 의지하고, 그에 대한 보상으로 사랑과 우정을 보여준다. 보호자가 자신의 반려동물을 쓰다듬거나 품에 안고 있을 때 혈압이 떨어지는 사례도 있었다. 의학연구에 따르면, 반려동물을 기르는 사람이 그렇지 않은 사람보다 훨씬 오래 살 가능성이 높다고 한다.

반려동물을 기르는 일이 항상 쉽고 즐겁기만 한 것은 아니다. 여기에는 장기적인 헌신과 재정적 부담이 따른다. 잊어서는 안 될 사실은, 여러분이 사랑하는 반려동물이 언젠가는 병들거나 사라지거나 죽는다는 점이다. 여러분은 친칠라에게 금세 정을 붙일 것이다. 반려동물과 함께하는 시간이 길어질수록 반려동물에 대한 사랑이 깊어지는 것은 자연스러운 일이다. 친칠라는 주인의 사소한 행동에 즉각 관심을 보이고, 수명 또한 다른 반려동물에 비해 길기 때문에 친칠라가 사라지면 여러분은 이 작은 친구가 무척 그리워질 것이다. 사람들은 반려동물을 입양할 때 그들이 아플 수도 있다는 점이나 병원비가 어느 정도 들지에 대해, 또는 언젠가는 이 소중한 가족과 헤어져야 하는 슬픈 날이 온다는 점 등에 대해 거의 생각하지 않는다. 이 모든 것은 반려동물을 기르는 사람으로서 진지하게 고민하고 생각해봐야 하는 중요하고 필수적인 사항들이다.

친칠라를 반려동물로 기를 생각이라면 친칠라를 기르면서 얻게 될 즐거움뿐만 아니라, 앞서 언급한 어쩔 수 없는 경험에 대해 고민해봐야 하고 준비가 돼 있어야 한다. 모든 가능성을 고려했을 때 여러분은 자신이 친칠라에게 좋은 보호자가 될 적합한 후보라고 생각하는지, 이 매력적인 반려동물을 오랫동안 기르고 보살필 책임을 질 준비가 됐는지 그리고 기꺼이 그 책임을 다할 것인지 자문해보자.

친칠라의 오랜 수명

반려 친칠라의 수명은 20년 정도이며 각 개체에 따라 다르지만, 보호자가 어떤 먹이를 제공하고 어떠한 환경에서 어떻게 보살폈는지에 따라 장수하기도 하고 단명하기도 한다. 20년은 반려동물을 보살피기에 아주 긴 시간이다. 게다가 이에 수반되는 모든 책임은 보호자인 여러분의 몫이다. 어린아이에게 반려동물을 돌보는 책임을 지우는 것은 바람직하지 않다. 어린아이들의 경우 관심사가 시시각각 바뀌며, 눈 깜빡할 사이에 성장해서 부모의 품을 떠나기 때문이다.

여러분이 집으로 데려온 반려동물을 다른 사람이 돌볼 것이라고 기대하지 않는 것이 좋다. 처음 반려동물을 집으로 데려오면 어른이고 아이 할 것 없이 모두 새로운 가족에게 흥미와 관심을 보이지만, 이 흥미와 관심은 그리 오래가지 않는다. 만약 여러분이 친칠라를 집으로 데려왔다면 친칠라가 죽을 때까지 그들을 보살피는 책임은 온전히 여러분의 것임을 잊지 말고 만반의 준비를 해야 한다.

친칠라를 기르는 데 발생하는 비용

친칠라는 기니피그, 생쥐, 햄스터 그리고 저빌(Gerbil)처럼 반려동물로 비교적 흔하게 기르는 작은 몸집의 설치류보다 상대적으로 더 많은 비용이 소요된다. 친칠

친칠라는 평생을 함께하는 소중한 친구다. 친칠라의 수명은 최대 20년이며, 20년 동안 친칠라에게 대한 책임을 다할 준비가 돼 있는지 고민해야 한다.

라 한 마리의 분양가는 10~30만원 사이로 형성돼 있으며, 개체에 따라 분양가는 천차만별이다. 털 색깔이 화려한 친칠라의 분양가는 더 올라가게 되며, 상당히 고가로 책정되기도 한다. 번식을 시키거나 쇼에 출연시킬 목적으로 길러지는 친칠라는 매우 매력적인 색깔의 털과 훌륭한 신체비율을 갖추고 있는데, 그 분양가는 상상을 초월한다.

친칠라를 분양받는 데 드는 비용보다 기르는 동안에 소요되는 비용이 더욱 많다. 친칠라의 분양가가 얼마였든 간에 수년 동안 집, 놀 공간과 먹이를 마련해주고 병원에 데려가는 데 드는 비용에 비하면 친칠라를 들이는 데 드는 비용은 '새 발의 피'라고 할 수 있다.

다행히도 친칠라의 먹이는 상대적으로 저렴하고, 장난감의 경우 다양한 기성품을 구입해서 제공하거나 보호자가 직접 만들어줄 수도 있다. 아마도 친칠라의 사육환경을 꾸미는 데 소요되는 비용이 가장 클 것이다. 보호자 본인이 감당할 수 있는 선에서 최대한 널찍하고 탄탄하게 제조된 케이지와 품질이 좋은 베딩을 구입하도록 해야 한다. 여러분의 친칠라의 건강과 만족을 고려한다면 케이지와 베딩을 구하는 데 드는 비용만큼은 절대 아껴서는 안 된다.

한편, 친칠라는 척박한 환경에서도 잘 견디는 강인한 동물이기 때문에 세심하게 잘 보살핀다면 걱정할 것이 없지만, 갑자기 병원을 찾아야 할 일이 생길 수도 있으므로 만일의 사태에 대비해 병원비로 사용할 금액을 모아두는 것이 좋다. 매달 병원비 용도로 조금씩 모아두면 응급상황이 발생했을 때 동물병원에 가는 것이

덜 부담스러워질 것이다.

쉽게 가늠할 수 없는 가장 중요한 투자는 시간이다. 하루 일과 중 매일 여러분의 친칠라와 놀아줄 시간을 비워둬야 한다. 친칠라와 갖는 이러한 교감의 시간은 여러분과의 관계를 행복하게 만들고, 친칠라를 훌륭하게 사회화시키는 데 중요한 요소다. 친칠라는 보호자와 함께 시간을 보내는 것을 매우 좋아한다. 또한, 매일 시간을 내서 신선한 먹이와 깨끗한 물을 제공하는 것도 잊어서는 안 되는 일이며, 적어도 일주일에 한 번은 케이지를 깨끗하게 청소해줘야 한다.

친칠라에게 쏟는 시간과 금전의 양에 비례해 이 작은 친구로부터 얻는 즐거움과 기쁨이 그만큼 커질 것이다. 이 모든 것들이 여러분의 친칠라를 건강하고 행복하게 만드는 현명한 투자라고 할 수 있다.

친칠라를 분양받는 데 드는 비용보다 기르는 동안 소요되는 비용이 더욱 많다는 점을 기억하자.

집안의 다른 반려동물

친칠라의 안전을 위협하는 가장 큰 존재는 바로 집안에서 이미 기르고 있는 다른 반려동물이다. 친칠라는 청각과 후각이 매우 예민하기 때문에 집안에 있는 다른 동물의 존재를 금세 알아차리고, 이 동물이 자신의 케이지에 접근하면 상당히 스트레스를 받거나 두려워하게 된다. 따라서 친칠라의 케이지가 항상 꽉 잠겨 있는지 철저하게 점검해야 하며, 집에서 기르는 개, 고양이, 페럿, 새 등 다른 동물들이 친칠라의 케이지에 가까이 다가가지 못하도록 하는 것이 좋다. 고양이와 페럿은 본능적인 사냥꾼이며, 개는 친칠라와 놀기에는 너무 거친 동료일 수 있다. 심지어 새도 자신보다 작은 동물을 부리로 쪼아 죽일 수 있으므로 주의해야 한다.

다 자란 친칠라는 상대적으로 몸집이 크기 때문에 다른 반려동물들이 괴롭히지 않을 것이지만, 새끼친칠라는 다른 동물의 공격에 매우 취약하다. 덩치가 큰 파충류를 반려동물로 기르고 있는 경우 새끼친칠라를 잡아먹을 수도 있다. 물론 친칠라도 위험을 느낄 때는 날카로운 이빨로 물어서 심각한 상처를 입힐 수 있지만, 몸집이 더 크고 포식자 성향을 지닌 반려동물에게는 상대가 안 된다.

친칠라를 기르는 사람들은 다른 종의 설치류도 함께 기르는 경우가 많은데, 이때 친칠라와 다른 설치류를 한 케이지에 둬서는 안 된다. 친칠라는 야생에서 데구(Degus)의 경우처럼 같은 지역에 서식하는 토종 설치류와 조화롭게 살지만, 일반적으로 반려동물로 기르는 설치류와 자연스럽게 함께 생활하지는 못한다. 반려동물로 기르는 설치류는 물 가능성이 있다. 친칠라와 다른 반려 설치류를 한 케이지에서 기르는 경우, 친칠라의 귀에서 조금씩 갉힌 흔적을 보거나 등에서 무언가에 깊게 찔린 상처를 발견하게 될 수도 있다.

또한, 친칠라는 다른 반려 설치류가 옮길 수 있는 질병에 매우 취약하다. 집에 있는 다른 설치류는 겉으로는 멀쩡하게 보일지라도 매우 치명적인 질병을 친칠라에게 옮길 수 있다. 친칠라와 토끼를 한 케이지에 둬서는 안 되는데, 토끼는 친칠라에게 심각한 호흡기질환을 일으키는 보르데텔라(Bordetella, 백일해균/파라백일해균/기관지패혈증균-보르데텔라 브론키셉티카, Bordetella bronchiseptica-의 균속을 말하며 그람음성균이다-편집자 주)를 옮길 수 있다(제5장 친칠라의 건강과 질병 참고).

다른 반려 설치류와 친칠라를 한 케이지에서 기르는 경우 생길 수 있는 또 다른 문제는 친칠라가 다른 동물의 먹이를 먹어치울 수 있다는 점인데, 절대 이런 일이 일어나도록 내버려둬서는 안 된다. 친칠라의 소화기관은 굉장히 예민하기 때문에 균형 잡히지 않은 식

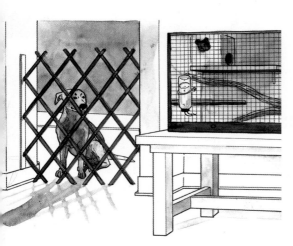

친칠라 케이지는 집안에서 기르는 다른 동물들이 접근할 수 없는 장소에 설치해야 한다. 다른 동물로 인해 친칠라가 심각한 부상을 입을 수 있다.

단은 심각한 질병을 일으킬 수 있다는 점을 잊지 말아야 한다(116쪽 먹이의 급여와 영양관리 참고). 집에 있는 모든 반려동물의 안전과 친칠라의 건강을 위해서 친칠라와 다른 반려 설치류를 격리시키고, 다른 반려동물이 친칠라의 케이지에 접근하지 못하도록 하는 것이 바람직하다.

친칠라를 위한 안전장치

아이러니하게도 작은 몸집, 호기심, 민첩하고 빠른 몸놀림 등 우리가 친칠라를 기르면서 큰 즐거움을 느끼는 요소들이 정작 친칠라의 안전을 위협하는 가장 큰 문제들을 일으킨다. 친칠라는 보기보다 몸집이 훨씬 작은데, 풍성하고 빽빽한 털이 실제보다 더 커보이게 만들기 때문에 이를 실감하지 못할 수 있다.

몸집이 작아서 어떠한 유형의 작은 공간이라도 통과할 수 있으며, 일단 둥글넓적한 머리를 구멍으로 밀어 넣을 수만 있다면 몸통은 쉽게 빠져나오게 될 것이다. 친칠라는 설치류이며, 설치류는 무언가를 갉아내는 것을 좋아하기 때문에 절대 목재나 판지로 된 상자에 넣어 케이지 밖에 두는 일이 없도록 해야 한다. 이 경우 여러분의 친칠라는 상자 벽을 갉아 구멍을 내서 탈출할 것이다. 친칠라는 탈출의 귀재라는 점을 명심해야 하며, 반려동물의 케이지를 제대로 관리하지 않으면 동물들은 순식간에 달아난다는 점을 잊지 않도록 하자.

상황을 막론하고 일단 친칠라가 케이지를 벗어나면 수없이 많은 위험에 처할 수 있다. 가정 내 화학물질 또는 살충제를 먹는다거나, 쥐덫에 걸려 목숨이 위태로워질 수 있다. 또한, 전기감전, 다른 반려동물의 공격, 심각한 부상을 당할 위험에 노출된다. 패닉상태에 빠져 갑자기 튀어나오는 물체를 피하지 못하고 부딪혀 골절상을 당할 수

친칠라는 몸집이 작기 때문에 아주 조그만 구멍이라도 쉽게 통과해 탈출할 수 있다는 점을 잊어서는 안 된다.

도 있다. 이와 같은 사고와 부상을 예방하기 위해서는 친칠라를 입양해 데려오기 전에 집안에 위험이 될 만한 것들은 없는지 샅샅이 살펴서 미리 정돈을 해야 한다(110쪽 안전관리 참고). 언제 친칠라가 케이지에서 탈출할지 모르므로 잠시도 그들에게서 눈을 떼지 않도록 각별히 주의를 기울이자.

친칠라는 탈출의 귀재다. 친칠라가 탈출했을 때 위험이 될 만한 요소는 없는지 살펴보고, 항상 안전한 환경을 만들도록 주의를 기울여야 한다.

시끄러운 소음

친칠라는 부드럽고 온화한 외모와는 달리 매우 시끄러운 소리를 내기도 한다. 친칠라는 다양한 방식으로 발성을 하고 (043쪽 발성 참고), 때때로 아주 수다스러워진다. 친칠라가 자기들끼리 부르거나 '대화하고' 있지 않을 때는, 케이지 안에서 다른 소리를 내느라 바쁜 경우다. 따라서 친칠라 케이지는 여러분에게 조용하고 평화로운 시간이 필요할 때 방해를 받지 않을 곳에 두는 것이 좋다.

동물 알레르기가 있는 경우

동물로 인한 알레르기는 아주 흔한 증상이다. 알레르기가 있거나 면역체계가 손상된 사람들은 동물을 아무리 좋아한다 해도 기를 수 없다. 이런 사람들에게 있어서 반려동물을 기르는 일은, 그 동물의 비듬과 오줌, 케이지 바닥에 깔아주는 베딩, 케이지 내에 발생하는 먼지, 먹이인 건초 그리고 주거환경 등 알레르기유발항원을 집안에 들이는 것과 같다. 반려동물 중에서 설치류는 상대적으로 알레르기를 유발하는 항원을 많이 가지고 있는 동물이다.

설치류가 알레르기를 일으키는 가장 큰 원인은, 대부분의 사람들이 생각하는 털이 아니라 바로 오줌이다. 보호자는 설치류의 케이지를 청소할 때마다 그들의 오줌에 노출된다. 계속해서 설치류의 오줌에 노출되다 보면, 알레르기유발항원에 취약한 사람의 경우 결국에는 오줌뿐만 아니라 설치류의 비듬에도 민감해지게 된다. 실제로 동물 알레르기는 수의사와 실험실에서 일하는 연구원 등에 있어서는 일종의 직업병이기도 하다.

일반적으로 알레르기는 장시간 알레르기유발항원에 노출되면 생긴다. 당장은 친칠라가 지니고 있는 이러한 항원에 오랜 시간 노출되지 않았기 때문에 알레르기가 없을 수도 있지만, 나중에 나타난다면 어떻게 할 것인지 생각해봐야 한다. 시간이 흘러 알레르기가 생기면서 어쩔 수 없이 자신의 친칠라와 헤어지는 일을 절대 원치 않을 것이다.

알레르기에 취약한 경우, 삼면이 막힌 모래목욕통을 준비해주면 모래에 노출되는 것을 줄일 수 있다. 어항의 경우도 훌륭한 모래목욕통이 될 수 있다.

따라서 동물 알레르기가 있는 사람이라면 미리 수의사와 상의해보는 것이 좋겠다. 의사에게서 반려동물을 길러도 괜찮다는 진단을 받았다면, 친칠라 브리더, 반려동물 숍 또는 친칠라를 기르고 있는 지인을 방문해본다. 거기서 친칠라를 안아보고 쓰다듬는 등 함께하는 시간을 갖는다. 몇 번 반복적으로 방문해서 가렵거나 눈에서 눈물이 나거나 호흡이 가빠지거나 기침/재채기를 하는 등 알레르기 반응이 나타난다면 절대 친칠라를 길러서는 안 된다. 이 경우 친칠라를 집안으로 들이면 여러분의 건강을 해칠 위험이 있고, 결국에는 끝까지 책임지지 못하는 일이 벌어지게 될 것이다. 반면, 이런 알레르기 반응이 나타나지 않는다면 이후 알레르기가 생기지 않도록 미리 예방하는 것이 좋다.

■**알레르기의 예방 :** 알레르기를 예방하기 위해서는 우선 친칠라 케이지를 침실에 두지 않는 것이 좋다. 침실에 친칠라 케이지를 두면 매일 수면시간 동안 친칠라에게 노출되기 때문에 알레르기가 생길 가능성이 커진다. 불필요하게 알레르기유발항원에 스스로를 장시간 노출시킬 이유는 없다. 친칠라 케이지는 환기가 잘

잘못된 핸들링은 털빠짐의 원인이 되고, 아름다운 친칠라의 털을 망칠 수 있기 때문에 올바른 핸들링 방법을 습득하는 것이 좋다.

되는 곳에 둬야 하며, 그렇다고 외풍이 있는 곳에 둬서는 안 된다. 고성능 필터가 장착된 공기청정기를 비치해두면 집안 공기를 쾌적하게 유지하고 친칠라의 비듬과 먼지를 제거하는 데 도움이 될 것이다.

베딩 밑에 흡수력이 좋은 흡착지를 깔아두면 알레르기유발항원, 특히 친칠라의 오줌에 노출되는 것을 줄일 수 있다. 케이지 베딩을 갈아줄 때는 마스크와 장갑을 착용하는 것이 도움이 된다. 좀 과하다고 생각할 수도 있지만, 이렇게 하면 알레르기유발항원에 노출되는 것을 어느 정도 막을 수 있다. 마스크와 장갑(라텍스가 알레르기를 일으키는 경우가 많기 때문에 라텍스장갑보다 비닐장갑을 추천한다)을 착용하면 호흡이나 접촉을 통해 체내에 들어오는 알레르기유발항원을 줄일 수 있을 것이다.

케이지를 청소할 때는 먼지가 온 집안에 날리는 것을 막을 수 있도록 가능한 한 집 밖에서 하는 것이 좋다. 친칠라의 오줌뿐만 아니라 집먼지진드기(베딩에 서식할 수 있다)와 대팻밥이 종종 알레르기를 일으키기도 한다. 모래목욕통을 제공할 때는 뚜껑이 열려 있는 통이나 오목한 그릇 또는 냄비보다는, 밀폐된(출입구를 제외하고) 상자나 친칠라용 모래목욕통을 선택하는 것이 알레르기 예방에 도움이 된다.

어린아이에 대한 지도

친칠라가 성인에게는 멋진 반려동물이 되지만, 어린아이에게 있어서는 이상적인 반려동물은 아니다. 친칠라는 잡거나 통제하기가 어렵고, 쉽게 손에서 미끄러지며 높은 곳에서 떨어져 부상을 당하기 쉽기 때문이다. 어린아이의 갑작스러운 행동이나 큰 소리에 놀라면 친칠라는 경기를 일으키고 도망치려 할 것이다. 추락이 심각한 부상으로 이어지는 경우가 많다는 사실을 잊어서는 안 된다. 별로 높지 않은 곳에서 떨어져도 친칠라의 다리 특히 경골(뒷다리에 있는 긴 뼈)이 부러지기 쉽다. 또한, 친칠라는 자신이 위협을 받고 있다고 느끼거나 놀라면 보호자라 할지라도 망설임 없이 무는 경향이 있다. 친칠라의 앞니는 크고 단단해서 깊은 상처를 남기거나 심지어 작은 손가락을 절단할 수도 있으므로 주의해야 한다. 게다가 친칠라는 빠르므로 부드럽고 조심스럽게 다뤄야 한다.

친칠라는 확실히 어른에게 적합한 반려동물인데, 그렇다고 어린아이에게 아주 위험하고 다루기 힘든 동물이라는 의미는 아니다. 아이에게 케이지 속 친칠라를 그저 가만히 살펴보는 것이 자신과 친칠라에게 안전하다는 사실을 알려주도록 한다. 케이지 속 친칠라를 바라보는 것만으로도 아이들은 이 사랑스럽고 앙증맞은 털북숭이를 사랑하게 될 것이다. 친칠라는 보는 것만으로도 큰 즐거움을 주는 귀여운 동물이며, 그들의 움직임을 가만히 관찰하는 것도 매우 행복한 일이다. 아이들은 친칠라를 관찰하면서 친칠라의 습성, 동물을 대하는 방법, 친절과 책임감을 배울 수 있다. 항상 어른이 지켜보는 데서 아이가 친칠라를 관찰할 수 있도록 주의를 기울이면 아이와 친칠라 모두 안전하고 즐거운 시간을 보낼 수 있다.

친칠라와 가족의 부상을 막기 위해서 가족 모두가 친칠라를 잡는 법, 편안하게 안는 법 그리고 필요할 때 제압하는 법을 알아야 한다. 어린아이, 가족 그리고 친칠라의 안전은 여러분의 책임이다. 아이에게 어른이 없을 때는 친칠라 케이지에 가까이 다가가서는 안 된다는 것을 이해시키고, 집을 나서기 전에는 친칠라의 케이지를 확실히 잠갔는지 반드시 확인하도록 한다. 불편하겠지만 모두의 안전을 위해 마땅히 감수해야 하는 일이다.

아이가 친칠라와 놀 때는 반드시 어른이 함께해야 한다. 친칠라의 부상을 막기 위해 친칠라를 올바르게 잡는 법을 가르치는 시간을 갖도록 한다.

Section 03

친칠라 선별하기

모든 반려동물과 마찬가지로 친칠라를 잘 기르기 위해서는 건강한 개체를 분양받는 것이 무엇보다 중요하며, 친칠라의 특성에 대해 사전지식을 숙지하고 있는 것이 건강한 개체를 선별하는 데 도움이 된다. 이번 섹션에서는 친칠라를 선별할 때 확인해야 할 기본적인 사항들에 대해 간단하게 알아보도록 한다.

건강상태의 확인

건강한 친칠라는 눈이 초롱초롱하고 경계심이 강하며, 주변 환경(그리고 자신을 향해 다가오는 사람)에 대한 호기심이 많다. 친칠라가 여러분을 보자마자 흥미를 나타낸다면 그 녀석은 아주 건강하다는 증거다. 건강한 친칠라의 경우 여러분이 가까이 다가갔을 때 호기심 어린 눈으로 맞이하고, 여러분의 정체를 밝히기 위해 샅샅이 탐색할 것이다. 잘 길들여진(약간 응석받이로 기른) 친칠라는 여러분에게 맛있는 간식을 달라고 조르고, 만져달라며 애교를 부릴 것이다.

건강한 친칠라는 식욕이 왕성하고 장난기가 많으며 활동적이다. 잠은 짧게 여러 번 자는데, 특별히 눈여겨본 친칠라가 너무 오래 잔다 싶으면 어딘가 아픈 곳이 있다는 신호다. 아픈 친칠라는 조용하고 무기력하며, 털에 윤기가 없다. 아픈 친칠라는 움직임이 없고 가만히 구석에 웅크리고 있으며, 사람과 동료친칠라를 피한다. 또한, 털이 빠지고 몸무게가 감소되며, 주변 환경에 대한 호기심도 떨어진다. 이 모든 것이 어딘가 아프다는 것을 나타내는 징후다.

'숨을 헐떡인다, 재채기 또는 기침을 한다, 숨 쉴 때 쌕쌕 소리가 난다, (눈, 귀, 코, 입 또는 항문에서) 분비물이 나온다, 설사를 하거나 변비가 있다, 배변활동이 자유롭지 못하다, 경련을 일으키거나 다른 신경계에 문제가 있다' 와 같은 증상들은 모두 친칠라의 건강에 문제가 있다는 위험신호다. 이러한 징후를 보이는 친칠라 또는 그 친칠라와 같은 케이지에서 지낸 친칠라는 입양을 피하는 것이 좋다. 병든 친칠라가 전염병을 앓고 있을지도 모르고, 아픈 친칠라와 한 케이지에서 지낸 친칠라는 집으로 데려온 후 얼마 지나지 않아 병이 날 가능성이 크다.

반응상태의 확인

일단 건강한 친칠라를 찾았다면, 입양을 결정하기 전에 안아보거나 잡아보도록 한다. 친칠라를 잡거나 안았을 때 나타나는 반응을 보면, 그동안 어떤 관리를 받았는지 또는 훈련은 잘 돼 있는지를 알 수 있다. 손아귀나 품에서 빠져나가려고 꿈틀대거나 꼼지락거린다면, 꽉 잡되 부드럽게 안아준다. 이때 떨어뜨리지 않도록 주의해야 한다. 친칠라가 불안해한다면 부드럽고 상냥한 목소리로 안심시키도록 한다. 안정을 되찾고 여러분의 손길에 익숙해져 편안함을 느낄 수 있도록 시간을 주는 것이 좋다. 그러나 몇 분이 지나도 계속 불안해하거나 여러분을 물려고 한다면, 그 녀석은 여러분과 맞는 개체가 아니므로 입양을 피하는 것이 좋다.

만약 여러분이 선택한 친칠라가 안정을 찾고 여러분의 품을 편안하게 받아들인다면, 건강상태를 다시 한 번 자세히 살펴야 한다. 눈은 반짝이고 이물질이 없어야 하며, 귀는 깨끗하고 피부와 털은 건강하며 윤기가 흘러야 한다. 털이 빠진 부분이 있거나 털에 윤기가 전혀 없다면, 아프거나 피부병 또는 기생충이 있다는 의미다. 배와 발바닥에 빨간 상처는 없는지 살피는 것도 잊지 말아야 한다. 똑바로 앉고 걷는지도 살피고, 먹이를 먹고 물을 마시는 모습도 시간을 두고 찬찬히 관찰한다.

친칠라를 입양할 때는 눈이 초롱초롱하고 깨끗하며, 털에서 윤기가 흐르고 활발한 개체를 선택하도록 한다. 사교적이고 호기심과 장난기가 많을수록 건강한 개체다.

배설물과 이빨의 확인

배설물은 친칠라의 건강상태를 살필 수 있는 가장 중요한 요소라고 할 수 있다. 작고 마른 똥이나 설사를 하는 경우 건강에 문제가 있다는 신호다. 앞니의 상태를 점검해 건강을 살필 수 있는데, 사실 말은 쉽지만 실행하기는 어려운 일이다. 특히 친칠라가 잘 통제되지 않거나 입을 보여주려 하지 않는다면 더욱 그렇다. 건강한 앞니는 검누런 색을 띠며, 앞니가 흰색, 주황색, 갈색, 검은색인 경우 정상적이지 않다는 의미인 동시에 친칠라의 건강에 무언가 문제가 있음을 뜻한다. 치열이 고른지도 확인한다. 고르지 않은 치열은 여러 가지 건강상의 문제를 유발하고 유전인 경우가 대부분이다. 이빨이 삐뚤어지고 틀어진 동물은 번식용으로 적합하지 않다. 이미 친칠라를 집으로 데려왔다면, 전염병 유무를 확인하기 위해 새로 온 친칠라를 적어도 일주일 동안 격리시키는 것이 좋다. 이렇게 하면 예상치 못한 전염병에 걸렸을 경우 다른 반려동물들이 감염되는 것을 예방할 수 있다.

분양처 확인하기

친칠라를 구하는 것은 그다지 어렵지 않다. 믿을 만한 친칠라 브리더를 통해 건강하고 매력적이며 사교적이고 다루기 쉬운 친칠라를 구할 수 있을 것이다. 노련한 브리더는 자신이 관리하는 친칠라의 유전적 특성, 나이, 사교성 정도 그리고 사육환경과 건강상태 등을 꼼꼼히 기록한다. 또한, 보통 아름다운 털을 지닌 친칠라를 선택적으로 번식시킨다. 희귀하거나 특이한 털색을 지닌 친칠라를 원한다면 친칠라를 입양하기 전에 여유를 두고 브리더에게 요청해두는 것이 좋다.

브리더에게 미리 특별주문을 하지 않고 즉시 여러분이 원하는 특이하고 희귀한 털색의 친칠라를 구하기는 힘들다. 인내심을 갖고 기다린다면, 여러분과 어울리는 친칠라를 얻을 수 있을 것이다. 취미로 또는 전문적으로 친칠라를 번식시킬 생각이라면, 경험이 많고 성공적으로 친칠라를 번식하고 있는 전문브리더와 상담한 뒤 입양하도록 한다. 친칠라 브리더가 되고 싶다면 그 이유에 대해 진지하게 고민해보고, 과연 자신의 선택이 옳은 것인지 생각해본다.

반려동물 숍에서도 친칠라를 구할 수 있다. 반려동물 숍은 보통 상대적으로 훌륭하지 않거나 신체비율과 털색이 전시회 또는 경연대회의 엄격한 참가기준에 못 미친다고 판단한 친칠라를 분양한다(해외의 경우). 반려동물 숍에서 분양되는 친칠라의 신체적 '결함'은 비전문가가 알아차리기 어렵거나 단지 반려동물로 사랑을 쏟을 친칠라를 찾고 있는 사람에게는 큰 문제가 되지 않을 것이다. 완벽한 조건을 갖춘 친칠라를 찾을 필요는 없다. 그러나 일반 숍에서 분양되는 친칠라가 나이가 많거나 다루기 어렵거나 성격에 하자가 있다면 문제는 달라진다.

반려동물 숍에서 친칠라를 입양할 생각이라면 시간을 두고 천천히 살펴보는 것이 바람직하며, 절대 성급한 결정을 내려서는 안 된다. 친칠라가 숍에 얼마나 오래 있었는지, 훈련을 받았는지, 건강한지, 몇 살인지, 기생충검사를 받았는지 그리고 의료검진기록은 있는지 등을 꼼꼼히 확인하도록 한다. 반려동물 숍에서 눈

친칠라를 분양받는 방법은 여러 가지가 있으므로 본인의 사정에 맞는 경로를 통해 입양받도록 한다.

여겨봐둔 친칠라와 시간을 보내며 직접 잡아보고 안아보는 과정을 거치도록 한다. 안거나 잡았을 때 여러분의 손길과 주변 환경에 어떻게 반응하는지도 살펴보는 것이 좋다. 길들여지지 않았거나 얌전히 안겨 있지 않는 경우, 공격적이고 여러분을 물려고 하는 경우, 건강해 보이지 않는 경우는 입양을 피한다.

미디어 광고를 통해서도 친칠라를 구할 수 있다. 훌륭한 조건을 갖춘 반려동물을 여러 가지 사정으로 파양할 수밖에 없는 보호자들이 지역신문이나 잡지에 광고를 내기도 한다. 동물병원에서 친칠라 브리더의 연락처를 얻을 수 있으며, 지인 중에 친칠라를 기르고 있는 사람이 있다면 분양처를 물어보는 것도 좋다. 입소문이 가장 믿을 만한 조언인 경우도 종종 있다. 인터넷 사이트나 친칠라 커뮤니티에서도 친칠라 브리더를 찾을 수 있다. 한 가지 유념할 점은 친칠라를 직접 확인하지 않고 인터넷을 통해 입양할 경우 어딘가 문제가 있는 친칠라를 들일 위험이 따를 수도 있다는 사실이다. 분양자를 잘 모른다면 분양하려는 친칠라의 사진, 건강기록 등 참고할 수 있는 자료를 보내줄 것을 요청하는 것이 좋다.

때때로 동물보호소나 구조단체에서 친칠라를 구할 수도 있는데, 아무런 문제가 없는 훌륭한 녀석임에도 버려진 경우가 있다. 온순하고 훈련도 잘 돼 있지만 보호자가 더 이상 감당할 수 없거나 개인적으로 새로운 보호자를 찾아줄 여유가 없는 경우, 친칠라를 그냥 버리거나 보호소에 맡겨버리는 사람도 간혹 있다.

보통 이사를 가게 되거나, 집주인이 반려동물을 기르는 것을 허용하지 않거나, 가정이나 직업에 변화가 생겼을 때 파양을 하게 된다. 알레르기 때문에 친칠라를 파양하는 경우는 아주 드물다. 보호자의 무지로 인해 동물보호소에 남겨지는 친칠라도 있다. 친칠라를 어떻게 돌봐야 하는지, 친칠라를 기르는 데 어떤 책임이 따르는지에 대한 사전지식 없이 무작정 입양해서 기르다가, 자신이 감당해야 할 책임의 무게를 못 견디고 친칠라를 포기하는 경우가 의외로 많다. 어떠한 이유에서건 버림받은 친칠라는 모두 사랑을 듬뿍 주고 따뜻하게 보살펴줄 수 있는 새로운 보호자를 절실히 기다린다는 공통점을 가지고 있다.

동물보호소에서 친칠라를 입양하려 할 때는 사전에 상담사와 충분히 대화를 해서 해당 친칠라에 대해 가능한 한 많은 것을 알아둘 필요가 있다. 이렇게 해야 여러분과 여러분의 친칠라가 모두 행복한 결말에 이를 수 있다. 어느 정도 연령대가 있는 친칠라의 경우 이미 자신만의 생활방식이 구축돼 있어서 입양하는 것이 쉽지 않다. 사람의 손길에 익숙하지 않은 친칠라는 사회화과정을 통해 사람이 만져도 괜찮다는 신뢰감을 쌓게 해주는 것이 필요하다. 여러분이 얼마나 많은 시간을 함께하고 얼마나 많은 노력을 들이느냐에 상관없이, 그런 친칠라는 사람의 손길을 끝내 받아들이지 않을 수도 있고 완전히 길들여지지 않을 수도 있다.

동물보호소에 버려진 성체 친칠라가 여러분에게 훌륭한 반려동물이 되리라 확신하는지 생각해보고, 만약 그렇다면 가까운 동물보호소를 찾아가보도록 한다. 이때 상담사에게 물어볼 질문 목록을 미리 작성해서 방문하는 것이 좋다. 상담사들은 자신들이 보호

동물보호소에서 입양 시 질문해야 할 10가지

- 동물보호소(또는 구조센터)에 왜 오게 됐는가.
- 건강상의 문제가 있는가.
- 행동상의 문제가 있는가.
- 나이는 몇 살인가.
- 암컷인가 수컷인가.
- 중성화수술을 받았는가.
- 이전 보호자는 친칠라를 다른 동물과 함께 길렀는가, 이 친칠라가 유일한 반려동물이었는가.
- 어떤 종류의 먹이를 먹었는가.
- 어떤 유형의 주거환경에서 생활했는가.
- 입양하는 데 특별히 알아둘 사항이 있는가.

동물보호소에서 입양해온 친칠라는 새로운 환경에 적응하는 데 상대적으로 더 많은 시간이 필요하다.

하고 있는 동물에 대해 자세한 정보를 여러분에게 제공해줄 것이다. 상담사가 여러분에게 던질 질문도 미리 예상하고 준비해두면 도움이 된다. 여러분이 완벽한 친칠라를 찾는 것처럼 동물보호소의 상담사들도 파양된 친칠라를 잘 돌볼 수 있는 새로운 보호자를 찾고 있다. 상담사들은 친칠라에게 죽을 때까지 함께할 수 있는 보호자를 찾아주기 위해 최선을 다할 것이다.

시중에서 구할 수 있는지, 건강하고 귀여운 녀석인지 그리고 개인적인 취향에 맞는지에 따라 최종적으로 친칠라를 선택하게 될 것이다. 지금까지 만난 친칠라 중에서 여러분의 마음을 가장 강하게 잡아끄는 녀석은 누구였는지, 어느 녀석이 가장 다정하고 건강하며 호기심과 장난기가 많았는지, 여러분의 손길을 가장 좋아하고 품으로 파고든 녀석은 누구였는지, 너무 매력적이고 사랑스러워서 거부할 수 없었던 녀석이 누구인지 떠올려보자. 친칠라를 집으로 데려올지 말지를 결정할 때 가장 어려운 부분은 한 케이지에서 지내는 나머지 녀석들을 남겨놓고 한 녀석만 데려와야 할 때일 것이다. 곧 다른 녀석을 입양하게 될지도 모를 일이다.

Section **04**

자신과 맞는 **개체 선택**하기

예비보호자로서 마땅히 해야 할 숙제를 끝내고 모든 가능성에 대해 고민한 뒤, 여러분은 친칠라가 여러분에게 적합한 반려동물이라는 결론에 도달했다. 이제 '여러분에게' 완벽한 친칠라를 찾을 차례다. 개체마다 각각 지니고 있는 특질이 다르므로 친칠라를 집으로 데려오기 전에 여러분에게 가장 어울리는 녀석이 누구일지 고민해야 한다. 친칠라를 선택할 때는 털 색깔보다 건강상태, 성격 그리고 연령 등의 요소를 더 중요하게 고려해야 한다.

성별의 선택

암컷을 선택할지 수컷을 선택할지는 극히 개인적인 취향에 따른다. 여러분이 친칠라를 기르려는 이유가 단지 매력적이고 함께하면 즐거운 반려동물을 원하기 때문이라면 암컷이든 수컷이든 상관없다. 친칠라를 번식할 계획이라면 암컷과 수컷 한 쌍이 적당하다. 외형상 암컷이 수컷보다 크므로 이를 확인하면 된다(암컷의 몸무게는 대략 800g이고 수컷의 몸무게는 대략 600g 정도 된다).

한 마리만 기르려는 경우 성별에 따른 차이는 크지 않을 것이다. 모든 친칠라는 성별에 관계없이 각각 자신만의 개성을 지니고 있으며, 암수 모두 반려동물로서 기분 좋은 기질을 갖추고 있기 때문에 굳이 어느 한쪽 성을 배제할 필요는 없다. 친칠라를 여러 마리 기를 계획이라면 성별을 고려해야 한다. 많은 친칠라가 동료와 함께하는 것을 좋아하지만, 모든 친칠라가 그런 것은 아니다.

암컷은 수컷에 비해 좀 더 강한 성향을 띠고, 함께 있을 때 다른 친칠라에 대해 공격적으로 행동할 수 있다. 성성숙에 이른 암컷은 어린 수컷에게 공격적으로 행동할 수 있으며 종종 죽이기도 한다. 암컷은 성이 났을 때 특히 힘들 수 있으며, '영역적 공격성(territorial aggression, 텃세에 의한 공격성)'의 징후를 보인다. 수컷은 일반적으로 암컷에 비해 조용하고 텃세도 덜 부린다. 암컷이 때때로 다른 암컷에게 공격적일 수 있는 반면, 대부분은 짝짓기를 시도하는 수컷에 대해 공격성이 나타난다. 이미 수컷을 기르고 있다면 수컷, 암컷을 기르고 있다면 암컷을 선택하는 것이 좋다. 같은 성별, 특히 한배의 형제자매일 경우(한 번도 떨어진 적이 없는) 함께 있는 것에 편안함을 느끼므로 싸울 위험이 없다.

친칠라의 성격은 성별에 따른 차이보다는 자라면서 어떤 대우와 보살핌(브리더 및 부모의 사회화훈련을 통해 인간에 대한 적응과 사회적 교감 형성-편집자 주)을 받았는지에 따라 크게 차이가 나게 된다. 새끼였을 때부터 사람의 손길을 자주 접하고 잘 길들여진 친칠라는 대부분 상냥하고 사교적이며 다정한 성격을 나타낸다.

마릿수의 선택

몇 마리의 친칠라를 선택할 것인지는 보호자인 여러분이 결정해야 한다. 입양하고자 하는 친칠라의 수는 친칠라를 기르려는 이유(번식 또는 대회참가 등), 라이프스타일, 여유시간, 여유공간, 재정적인 여력 등 여러 가지 요인에 따라 결정되는데, 그들과 즐겁게 함께할 시간을 갖기 위해서는 적절한 수를 유지해야 한다.

친칠라를 기르는 것은 분명 재미있는 일이지만, 너무 많은 친칠라를 기를 경우 친칠라와 즐겁게 노는 시간보다 케이지를 청소하는 시간이 훨씬 더 많다고 느끼게 될 수도 있다. 이럴 경우를 염두에 둔다면 일단은 한 마리부터 시작하는 것이 좋다. 어느 정도 지나면 시간과 공간 그리고 재정에 여유가 생기고 친칠라에 대한 지식이 쌓이며, 더 많은 친칠라에게 사랑을 주고 싶은 열정이 생길 것이다. 한 마리씩 차츰 늘려가다가 결국 한 무리의 친칠라를 기르게 될지도 모른다.

물론 번식을 위해 기를 생각이라면 적어도 암컷과 수컷 한 쌍이나 수컷 한 마리에 2~3마리의 암컷으로 시작하는 것이 좋다. 이 경우 필요한

친칠라는 따뜻하고 편안하고 안락한 장소를 좋아한다.

정보를 구할 수 있는 최고의 정보원은 경험 많은 브리더다. 숙련된 브리더는 친칠라의 번식, 색깔, 습성과 기타 정보에 대해 가장 많이 알고 있고, 여러분의 수많은 질문에 대답해줄 수 있다. 또한, 브리더는 친칠라 동호회, 친칠라 쇼, 친칠라와 관련된 여러 행사에 대한 최신 정보도 보유하고 있다. 동호회는 여러분과 같은 흥미와 취미를 가진 사람들을 만날 수 있는 최고의 매개체이며, 그들과 정보를 공유하고 함께 시간을 보내는 것도 아주 즐거운 일이다.

친칠라는 금방 주인에게 정을 붙이며, 사람의 손길을 즐길 뿐만 아니라 갈구한다. 여러분이 쓰다듬고 안아주고 함께 놀아주는 데 많은 시간을 보낸다면, 혼자 지낸다 해도 행복감을 느끼고 다른 동료친칠라들과 함께 했던 시간을 그리워하지는 않을 것이다. 가장 좋은 것은 무리와 함께 지내는 것인데, 무리를 이루고 사는 군집동물인 친칠라에게 보호자와의 상호교감마저 없다면 혼자 케이지에서 지내며 외로움과 지루함을 느낄 것이다. 그러므로 자주 그리고 오랜 시간 집을 비우는 보호자라면 최소한 두 마리의 친칠라를 함께 기르는 것이 좋다. 보호자가 없어도 두 마리의 친칠라는 서로 의지하며 외로움과 지루함을 이겨낼 수 있다.

친칠라를 가족 단위로 기를 생각이라면 작은 규모로 꾸리는 편이 좋다. 이 경우 무리가 한 공간에서 조화롭게 지낼 수 있는지 살펴야 한다. 가능하다면 아주 어릴 때부터 서로를 알 수 있는 기회를 제공해 익숙해지도록 하는 것이 가장 좋다. 예를 들어, 한배에서 나온 형제는 보통 주위에 암컷이 없다면 평화롭게 한 공간을 공유할 수 있다. 모녀 사이나 자매의 경우도 함께 지내는 데 별 문제가 없다.

같은 성별의 친칠라 여러 마리를 한 케이지에서 기르는 경우, 싸움으로 인해 서로에게 상처를 입히는 것뿐만 아니라 원치 않는 임신도 막을 수 있다.

크기(나이)의 선택

친칠라새끼는 정말 귀엽고 사랑스러운 존재다. 친칠라를 번식할 계획을 갖고 있고 처음부터 성체 친칠라를 입양하고 싶은 경우가 아닌 한, 어린 새끼친칠라를 입양하는 것이 가장 좋은 방법이다. 새끼는 새로운 환경에 금방 적응하게 될 것이며, 여러분은 친칠라의 전 생애를 통해 즐거운 시간을 함께할 수 있을 것이다. 친칠라는 신체가 발달되고 눈을 뜬 채로 세상에 나오는데, 보통 생후 6~8주(완전하게 이유되는 시기는 새끼의 건강 및 발달상태에 따라 달라질 수 있다)[2]에 젖을 떼기 때문에 이 시기 이전에 어미 곁을 떠나서는 안 된다. 어미의 젖을 완전히 뗀 이후 건강한 상태에서 입양하는 것이 가장 이상적이다.

충동적으로 새끼친칠라를 입양하는 것은 피해야 한다. 처음 본 새끼친칠라가 여러분의 마음을 끌어당겨 당장 입양하고 싶은 충동을 억누르지 못할 수 있다. 두 번째 그리고 세 번째도 마찬가지일 것이다. 이러한 충동을 억누르고 가능한 한 많은 브리더를 만나고, 입양하기 전에 최대한 많은 새끼를 살펴보도록 한다. 이렇게 하면 친칠라의 건강과 성질, 성장환경의 청결성, 사교성, 다양한 털색과 분양가를 비교할 수 있고, 결과적으로 현명한 선택을 할 수 있다.

불쌍하다는 이유로 문제가 있는 친칠라를 입양하는 일은 없도록 해야 한다. 유독 작거나 마르거나 털이 듬성듬성하거나 내성적인 친칠라에게 마음이 쓰일 것이

---

2) 모든 친칠라가 동일한 시기에 이유를 끝내는 것은 아니다. 새끼의 전반적인 건강과 신체발달 등 몇 가지 주요 요인에 따라 이유시기를 결정할 수 있기 때문에 이유시기는 각 개체마다 달라질 수 있다. 일반적인 이유시기가 지난 후에도 여전히 어미 젖을 먹고 있다면 어미로부터 새끼를 떼어내지 않는 것이 좋다. 보통 6~8주에 젖을 떼는데, 사육환경과 새끼의 상태에 따라 8~10주 사이에 이유가 될 수도 있고 12~14주 사이에 이유가 완전히 끝나기도 한다(브리더에 따라 이유가 끝난 후 2주의 적응기를 두고 분양한다). 중요한 것은 완전히 젖을 떼고 난 이후에 분양받아야 건강상 안전한 새끼를 구할 수 있다는 점이며, 최소한 생후 2개월은 지난(그리고 건강상태가 양호한) 새끼를 입양하는 것이 바람직하다.

다. 그러나 이런 증상을 보이는 친칠라는 건강이 좋지 않은 상태이며, 결국에는 가슴 아픈 이별을 하게 될 수도 있다. 불쌍하고 약한 동물에게 마음이 가고 도와주고 싶다는 생각이 드는 것은 자연스러운 인간의 본성이다. 아픈 친칠라를 거둬서 살뜰히 보살피기만 한다면 건강을 되찾을 수 있을 것이라고 생각할지도 모르지만, 반려동물을 입양할 때는 냉정하게 판단해야 한다.

반짝이는 두 눈을 지니고 있고, 건강하고 활동적이며, 쾌활한 친칠라를 찾겠다는 목표에 집중하도록 한다. 아프거나 약한 동물을 돌볼 때 소요되는 시간과 헌신, 치료에 필요한 병원비 그리고 실망스러운 순간에 대한 마음의 준비가 되지 않았다면, 쾌활하고 호기심 많고 귀여우며, 건강한 친칠라를 입양하는 것이 여러분과 여러분에게 올 친칠라 모두에게 행복한 일이다.

모색의 선택

친칠라의 털은 매우 아름다우며 청회색, 은회색, 회색, 흰색, 검은색, 차콜색, 베이지색 등 매우 다양한 모색을 볼 수 있다. 흰색과 베이지, 검은색과 흰색 또는 차콜색과 흰색 등 한 개 이상의 색깔이 섞여 있는 경우도 있다. 친칠라의 모색은, 몸은 검은색에 배는 흰색인 동물에서 나타나는 것과 마찬가지로 경계가 분명하게 드러날 수도 있고, 또는 모자이크 패턴으로 인해 털 전체에 걸쳐 얼룩이 보이거나 반점이 나타날 수도 있다.

목적에 따른 선택

모든 친칠라는 개성과 자신만의 매력을 지니고 있다. 이상적인 반려동물을 찾는 여정 속에서 많은 브리더를 만나고, 반려동물 숍 그리고 동물보호소를 방문했을 것이다. 그 과정에서 만나는 친칠라마다 활기차고 장난기가 많으면서도 뚜렷한 개성을 지니고 있는 모습을 보면서 즐거움을 느꼈을 것이다. 반려동물로 기르거나 또는 쇼에 내보낼 계획 등 친칠라를 기르는 목적이 무엇이든지 분명 개성과 독특한 외모로 여러분의 마음을 특히 잡아끄는 친칠라를 만나게 될 것이다. 매력적이고 여러분과 유대감을 쌓으려 애쓰는 녀석이 바로 여러분의 마음을 따뜻하게 하고 여러분의 가정을 즐겁게 해줄 소중한 반려 친칠라가 된다.

개체의 선택과 입양

드디어 대망의 그날이 왔다. 여러분의 마음을 한 번에 사로잡은 친칠라가 나타났고, 여러분과 여러분의 새로운 친구는 완전히 찰떡궁합이다. 이제 이 귀엽고 사랑할 수밖에 없는 친구를 집으로 데려오려고 한다. 새로운 친구를 맞이하기 위한 모든 준비가 완료돼 있어야 하며, 빠뜨린 부분은 없는지 세심하게 살펴봐야 한다.

■**수의사 선택** : 친칠라는 따뜻하게 보살피고 영양가 있는 먹이를 먹이며, 널찍한 케이지에 풀어주기만 하면 큰 탈 없이 잘 지낼 것이다. 그러나 만약의 경우, 친칠라에게 문제가 생기거나 아프거나 다친다면, 동물병원에 데려가서 검사와 치료를 받도록 해야 한다. 조기진단과 치료는 친칠라의 수명을 늘리는 데 매우 중요한 요소들 중 하나다. 여러 마리의 친칠라를 기르고 있는데 그 중 한 마리가 아프다면, 병의 원인을 빨리 파악하는 것이 무엇보다 중요하다. 혹시라도 전염병을 앓고 있다면 케이지 내 동료친칠라에게 전염될 수도 있기 때문이다.

이국적인 반려동물을 전문적으로 치료하는 수의사들이 많이 있고, 특이한 반려동물에 대한 특별한 관심과 전문성을 겸비한 수의사들도 많다.[3] 친칠라는 대형 반려동물 및 여타 반려 설치류와는 완전히 다르며, 다른 동물을 치료할 때 사용되는 특정 제품과 약물에 대해 민감하게 반응하기도 한다는 점을 잊지 말아야 한다.

친칠라가 병이 나기 전에 미리 동물병원을 방문해 수의사를 알아두는 것이 좋다. 잠재고객으로서 친칠라에 대해 전문적인 지식이

좋은 수의사를 찾는 방법

유능한 수의사는 많지만, 여러분과 여러분의 친칠라에게 적합한 수의사를 찾는 것이 중요하다. 다음은 수의사를 고르는 데 도움이 되는 가이드라인이다.

- 친칠라를 기르고 있는 주변 사람과 친칠라 동호회를 통해 추천을 받는다. 입소문은 최고의 수의사를 찾는 데 가장 좋은 방법이라고 할 수 있다.
- 친칠라에 대해 많이 알고 있는 수의사를 찾는다. 친칠라를 다뤄본 경험이 있고 여러분만큼 친칠라를 잘 이해하고 있는 수의사가 좋다.
- 편의성을 고려한다. 진료시간, 진료일과 접근성 등을 고민해야 한다. 주말, 휴일 또는 응급상황이 발생했을 때 의사의 도움을 받을 수 있는지, 동물병원이 집에서 얼마나 가까운지, 응급상황이 발생했을 때 신속하게 동물병원으로 갈 수 있는지 등의 요소에 대해 꼼꼼하게 따져봐야 한다.
- 병원진료비도 살펴야 한다. 대부분의 수의사들이 대략적인 진료비나 서비스 비용에 대한 정보를 제공하고 있다.
- 동물병원 시설을 둘러보도록 한다. 동물병원을 방문해 구석구석 살펴보고 병원은 깨끗한지, 악취가 나지는 않는지 등을 점검한다.

있는 수의사를 만날 수 있는 기회를 얻을 수 있을 것이다. 이렇게 해서 앞으로 이용할 병원을 미리 결정해두면, 응급상황이 발생했을 때 어느 병원으로 친칠라를 데려가야 할지 결정을 내려야 하는 부담감에서 벗어날 수 있을 것이다.

여러분은 자신의 주치의를 고를 때처럼 친칠라의 수의사를 고르는 일에 까다로워야 한다. 여러분과 여러분이 선택한 수의사는 한 팀이 되고, 두 사람이 힘을 모아 친칠라의 건강을 챙기게 될 것이기 때문이다. 친칠라를 분양받은 후 48시간 이내에 동물병원을 방문하는 것이 좋다. 대부분의 친칠라 브리더와 반려동물 숍에서는 48시간에서 일주일간의 건강보증서를 발급할 것이다. 이 건강보증기간 동안 건강검진을 받도록 하고, 건강검진 결과 친칠라에게 문제가 있거나 아파서 병원치료를 받아야 한다면 모든 비용을 되돌려 받을 수 있다.

동물병원에 갈 때마다 그동안 자신의 친칠라에 대해 궁금했거나 걱정스러운 부분을 수의사에게 모두 물어보도록 한다. 여러분의 친칠라에게 특별히 필요한 것이 무엇인지 또는 친칠라를 분양한 브리더나 반려동물 숍 주인이 추천한 것이 제대로 된 정보인지를 알아볼 수 있는 좋은 기회다. 친칠라의 건강관리프로그램에 대해 수의사와 찬찬히 논의해볼 수도 있다. 수의사는 친칠라의 건강상태를 평가하고 자세히 기록할 것이다. 미래에 친칠라의 건강상태에 어떤 변화가 생겼을 경우, 과거의 건강기록과 비교하면 대처방안을 찾는 데 큰 도움이 될 것이다.

■이동식 케이지 마련 : 적절한 위치에 놓인 넓은 케이지, 영양가 있는 사료와 건초, 물병, 먹이그릇, 건초렉, 모래목욕통, 운동용 쳇바퀴, 장난감, 은신처 등 여러분은 이미 친칠라에게 필요한 모든 것을 준비해놓고 친칠라가 집으로 오기만을 기다리고 있다. 친칠라가 앞으로 생활할 공간을 미리 완벽하게 준비해두면 친칠라가 집에 도착하자마자 바로 준비된 새 케이지에 넣을 수 있으므로 혼란스러움과 불편함을 없앨 수 있다. 케이지가 완전히 준비되지 않은 상태에서 친칠라를 집으로 데려오면 친칠라는 한동안 이동식 케이지에서 지내면서 혼란스러움과 불편함을 느끼게 된다는 점을 잊지 않도록 한다.

---

3) 반려동물 관련 선진국은 다양한 특수 반려동물을 치료할 수 있는 의료기관 및 전문가들이 매우 많다. 우리나라의 경우 예전에 비한다면 그래도 치료 가능한 동물의 범위가 많이 확대되기는 했지만 아직까지는 개, 고양이 치료에 많이 치우쳐 있는 실정이다. 향후 선진국 수준의 질 높은 의료시스템이 갖춰지기를 간절히 바라본다.

친칠라를 집으로 데려오거나 옮길 때 사용할 이동식 케이지는 편안한 것으로 마련해야 한다. 환기가 잘 되고 탈출할 염려 없는 안전한 것을 선택하도록 한다. 고양이나 페럿용으로 디자인된 소형 이동장도 쓸 만하며, 나중에 케이지 안에 추가로 넣어주면 친칠라에게 몸을 숨길 수 있는 좋은 장소가 될 것이다.

친칠라를 집으로 데려오는 동안 이동식 케이지를 가벼운 수건으로 덮어주는 것이 좋은데, 이렇게 하면 소음과 빛을 차단해 친칠라가 놀라는 것을 막을 수 있다. 수건으로 이동식 케이지를 덮을 때는 통풍이 잘 되는지 확인한다. 친칠라를 데려오기 전에 브리더나 반려동물 숍 주인에게 물어 그동안 친칠라에게 어떤 종류의 펠릿을 먹였는지 반드시 확인해야 한다. 이전에 먹었던 것과 같은 종류의 펠릿을 제공해야 갑작스러운 식단변화로 인한 스트레스를 막을 수 있다.

친칠라는 분양받은 즉시 집으로 데려오는 것이 가장 좋은데, 집으로 오는 도중에 다른 곳을 들러야 한다면 주차한 차 안에 친칠라를 혼자 내버려둬서는 안 된다. 특히 날씨가 따뜻한 날에는 더욱 주의해야 한다. 주차된 차의 내부온도는 창문이 열려 있고 그늘에 세워졌다 할지라도 몇 분 만에 49℃까지 치솟을 수 있다. 친칠라는 열에 매우 민감한 동물이며, 이렇게 높은 온도에서 견디지 못하고 단시간에 일사병으로 죽을 수도 있다는 점을 반드시 기억하기 바란다.

Chapter 3
친칠라 사육장의 조성

친칠라를 기르는 데 꼭 필요한 사육
장과 바닥재 및 기타 용품에 대해 살
펴보고, 각 용품의 올바른 사용법에
대해 알아본다.

사육장 조성에 필요한 용품

친칠라는 매우 활발하고 활동적이기 때문에 맘껏 뛰어놀 수 있는 넓은 공간이 필요하다. 친칠라가 자신의 고향에 온 듯 편안하게 느끼도록 해주기 위해 서식지인 안데스산맥의 황량하고 척박한 사막 및 높은 산지와 똑같이 케이지를 꾸밀 필요는 없다. 그러나 야생의 친칠라의 습성에 대한 지식과 정보는 여러분의 친칠라가 집안에서 건강하고 행복하게 살아가도록 하는 데 큰 도움이 될 것이다.

야생에 남아 있는 몇 안 되는 친칠라는 해발고도 1650m의 척박하고 건조한 산악지대에 서식하고 있다. 무분별한 남획으로 1800년대 후반 멸종 직전에 이르기 전까지, 친칠라는 역사적으로 안데스의 서부 산맥, 볼리비아와 페루 및 아르헨티나의 일부 지역을 포함해 광범위한 영역에 분포돼 있었다. 친칠라는 기온이 상온에서 영하를 오르내리는 해발고도 4572m의 고지대에 서식했는데, 고도와 풍속냉각(wind chill, 바람이 피부의 열을 빼앗음으로써 일어나는 신체의 냉각–편집자 주) 요인을 감안하면 서식지 기온은 평균 영하를 약간 상회한다.

친칠라는 터널에서 노는 것을 좋아한다. PVC 배관을 이용해 친칠라에게 장난감 터널을 만들어줄 수 있다.

그렇다고 이것이 친칠라가 매서운 영하의 추위를 견딜 수 있다는 의미는 아니며, 친칠라는 추위에 약한 동물이라는 점을 잊지 말아야 한다. 야생에서 친칠라는 견딜 수 없을 정도로 날씨가 추워지면 지하에 파놓은 굴속에서 지낸다.

친칠라는 이렇게 척박한 지역에서 서식하면서 영역싸움을 벌이기도 하고 무리와 함께 생활하고 활동적이며, 산악지대에서 달리는 데 적합한 신체구조를 지니고 있다. 게다가 곡예에도 능하다. 야생 친칠라는 주로 바위틈과 굴속에 은신처를 마련해 여우, 부엉이와 같은 포식자로부터 몸을 숨겨 보호하며, 커다란 바위를 감시초소, 휴식장소 및 화장실로 활용한다. 친칠라 굴은 바위 사이에 잘 감춰져 있으며, 일반적으로 입구에서 길고 복잡한 터널을 지나 넓은 수면공간으로 이어지는 구조다. 가끔 먹이와 잠자리용 풀을 굴속에 저장하기도 한다.

친칠라는 남아메리카 유대목 동물(Thylamys elegans)과 호저아목 설치류 친척들, 데구(Octodon degus)와 같은 작은 동물들과 평화롭게 공존한다. 친칠라는 자신의 집과 주변 환경을 좋아하는데, 연구에 따르면 작은 영역에서 6년 동안 머무는 것으로 나타났다. 따라서 여러분이 친칠라에게 안전하고 편안한 집을 위해 필요한 것을 제공해준다면, 친칠라는 그곳에 머물면서 행복하게 생활할 것이다.

케이지

친칠라에게 '즐거운 집'을 제공하기 위해서는 많은 것들을 고려해야 한다. 케이지에 대한 선택은 친칠라의 수, 여유시간과 여유공간 그리고 보호자가 선호하는 케이지의 스타일과 크기, 케이지를 둘 위치에 따라 달라진다.

친칠라는 사회적이고 무리를 이루며 사는 군집동물이기 때문에 기회가 주어진다면 자연스럽게 가족단위를 이루며 살 것이다. 동시에 다른 동료에 대해 공격적이고 텃세를 부리며, 험악하게 굴 수도 있다. 무리가 서로 조화를 이루며 생활하지 못할 경우 싸움이 일어나고, 서로에게 심각한 상처를 입히거나 죽일 수도 있다. 암컷은 수컷에게 특히 공격적이다. 다행스럽게도 친칠라는 홀로 생활하는 데도 익숙하므로 보호자가 많은 사랑과 관심, 넓은 공간, 은신처, 장난감 그리고 신선한 먹이와 물을 제공해준다면 혼자라도 행복하게 지낼 수 있을 것이다.

■케이지의 재질 : 다른 설치류와 마찬가지로, 친칠라는 날카롭고 강한 앞니를 가지고 있으며 무언가를 갉아대는 것을 좋아한다. 눈에 띄는 모든 것을 갉으며, 특히 목재나 플라스틱 케이지는 남아나지 않을 가능성이 크다. 따라서 케이지는 갉고 파내며 굴을 뚫는 친칠라의 습성을 견딜 수 있는 단단한 재료로 만든 것이어야 한다. 탈출하는 것을 막기 위해서는 철망으로 된 것이 적절하다.

친칠라는 정말 재미있는 동물이라 핸들링을 하지 않을 때 가만히 지켜보고만 있어도 즐거움을 느낄 것이다. 철망으로 만든 케이지는 내부가 훤히 보이기 때문에 친칠라의 행동을 관찰하기에 좋다. 또한, 철망 케이지는 강하고 비다공질이며, 청소하기 쉽고 환기도 잘 된다는 장점이 있다. 철망의 간격도 고려해야 하는데, 성체 친칠라를 위한 케이지 철망의 간격은 20x20(mm), 25x25(mm) 또는 12.5x25(mm)가 적당하다. 새끼 친칠라의 경우, 틈으로 빠지거나 발과 다리가 걸려 다치거나 부러지는(간격이 너무 큰 철망 케이지에 새끼친칠라를 기를 경우 흔히 발생하는 부상들) 것을 예방

친칠라 케이지 선택 시 주의사항

- 페인트칠이 돼 있거나 광택제가 사용된 것 또는 고무로 싸인 철망은 선택하지 않도록 한다.
- 바닥이 쭈글쭈글한 망으로 된 케이지는 사용하지 않는다. 부드러운 발에 상처를 입힐 수 있다.
- 철망바닥에 새끼친칠라를 둬서는 안 된다. 새끼친칠라의 케이지는 사고와 부상을 막기 위해 바닥이 단단한 구조여야 한다.

케이지는 이갈이용 장난감, 그릇, 은신처, 쳇바퀴와 터널, 장난감 등을 모두 넣을 수 있을 정도로 충분히 커야 한다.

하기 위해 좀 더 촘촘한 철망으로 제조된 케이지를 사용해야 하며, 15x15(mm), 18x18(mm) 또는 12.5x18(mm)의 간격이 적당하다. 녹슨 케이지는 쉽게 부서져 부상이나 탈출로 이어질 수 있기 때문에 녹이 슨 곳은 없는지 꼼꼼히 살펴야 한다. 케이지를 청소할 때, 일부 표백제의 경우 철망의 도금을 벗겨내 녹이 슬게 될 수 있으므로 사용에 주의를 요한다. 부식성이 있는 세제는 사용하지 말아야 하며, 청소가 끝난 뒤에는 잔여물이 남지 않도록 깨끗이 헹궈내는 것이 좋다.

■케이지의 크기 : 친칠라는 넓은 공간을 필요로 한다. 그들은 민첩성이 뛰어나고 놀라운 속도로 폴짝폴짝 뛰어다니며, 높은 곳에서 뛰어내리고 공처럼 튀어 오르기도 한다. 따라서 친칠라 케이지는 마음껏 달리고 뒹굴며 놀고 운동할 수 있을 만큼 충분히 넓어야 한다. 케이지 내에 화장실로 사용할 공간과 장난감들을 수용할 공간이 확보돼야 하며, 먹이그릇, 은신처, 터널, 선반, 쳇바퀴, 큰 바위, 나뭇가지, 이갈이용 막대(chew stick), 기타 필수품을 보관할 공간도 갖춰야 한다. 또

한, 환기가 원활하게 잘 돼야 하므로 케이지의 크기는 그만큼 커야 한다. 케이지의 크기를 결정할 때, 철망 케이지는 무거우며 케이지가 크면 클수록 더 무겁다는 사실을 염두에 두도록 한다. 커다란 철망 케이지를 옮기는 일은 쉽지 않다.

케이지 크기는 친칠라의 수와 집안의 여유공간에 따라 최종적으로 결정된다. 친칠라를 번식시킬 생각이라면 한두 마리를 기를 경우에 비해 더 크고 많은 수의 케이지가 필요할 것이다(제6장 친칠라의 번식 참고). 한 마리를 기를 경우 케이지의 크기는 최소한 가로x깊이x높이가 75x45x75(cm) 또는 90x60x60(cm) 이상은 돼야 한다. 2~4마리를 기르는 데는 200x100x150(cm) 또는 200x100x200(cm)[1] 크기의 케이지가 필요하다(권장사항). 케이지의 크기는 여러분이 감당할 수 있는 범위 내에서 최대한 크고 넓을수록 좋다는 점을 기억하도록 하자.

케이지의 문과 뚜껑은 친칠라의 탈출을 막기 위해 걸쇠를 이용해 단단히 잠가둬야 한다. 또한, 문과 뚜껑의 크기는 친칠라를 잡거나 케이지 안을 청소할 때, 선반과 운동용 경사로 또는 튜브 터널 등 큰 물체를 꺼내기 편할 정도로 커야 한다. 친칠라에게 충분한 공간을 제공했다면, 여러분의 친칠라는 케이지에서 이리저리 뛰어다니고 높은 곳에서 뛰어내리면서 놀 것이다. 큰 케이지를 마련하는 데 드는 비용은 앞으로 친칠라와 함께 보낼 즐거운 시간들로 충분히 상쇄될 것이다.

■케이지의 스타일 : 케이지의 스타일은 매우 다양하게 생각해볼 수 있다. 친칠라는 심플하고 단순한 단층 케이지에서도 아주 만족스럽고 행복하게 생활할 것이다. 친칠라의 삶을 보다 재미있고 역동적으로 만들어줄 수 있는 매우 다양한 스타일의 케이지도 구할 수 있으므로 그러한 것을 선택해도 좋다.

단층 케이지 단층 케이지의 경우 매우 다양한 종류의 제품이 시판되고 있으므로 적절한 것을 선택하면 된다. 단층 케이지 두 개로 구성된 이중케이지를 구입할 수도 있는데, 이중케이지는 케이지 사이 중앙에 칸막이와 여닫을 수 있는 문이 있어 그 문을 통해 친칠라가 양쪽을 왔다 갔다 할 수 있도록 구성돼 있다. 이중케

---

[1] 선진 각국의 친칠라전문가 및 전문브리더가 일반적으로 권장하는 수치이며, 국내의 경우 주거형태상 현실적으로 적용하기 힘들 수 있다. 각자의 상황과 실정에 맞는 범위 내에서 최대한 큰 것을 선택하도록 하며, 여러분이 제공하는 케이지의 크기가 크면 클수록 친칠라의 삶은 그만큼 즐겁고 쾌적해질 수 있다는 것을 염두에 두도록 한다.

케이지의 크기와 스타일 그리고 개수의 선택은 여러분이 기를 친칠라의 마릿수에 따라 결정된다.

이지는 아직 서로에게 익숙해지지 않은 두 마리의 친칠라를 일정 기간 분리시켜야 할 필요가 있을 때 이상적인 유형이다. 이중케이지에 친칠라 한 마리를 기르는 것도 좋다. 한 쪽 케이지를 청소하는 동안 다른 쪽 케이지에 친칠라를 옮겨두고 문을 닫아둘 수 있기 때문에 케이지 청소가 훨씬 수월해지고 친칠라가 탈출할 가능성을 줄일 수 있다.

복층 케이지 이층으로 된 케이지로 단층 케이지보다 높고 상층으로 이어지는 경사로와 선반이 설치돼 있다. 친칠라는 선반에서 선반으로 뛰어다니면서 쉽게 오르내릴 수 있기 때문에 경사로가 꼭 필요한 것은 아니다. 친칠라는 먼 곳을 내다볼 수 있는 높은 선반에 앉아 있는 것을 좋아한다.

다층 케이지 케이지를 3층이나 4층으로 추가 구성할 수도 있다. 이런 유형의 케이지는 성체 친칠라를 수용할 만큼 크기가 매우 커야 한다. 다층 케이지는 친칠라가 더 흥미롭게 느끼게 하고 뛰어놀며 운동할 수 있는 넓은 공간을 제공해준다. 하지만 어디 아픈 곳은 없는지 검사를 해야 할 때 또는 케이지에서 꺼내려고 할 때, 케이지가 지나치게 크면 친칠라를 잡는 것이 작은 케이지에 비해 더 어려울 수도 있다는 점을 고려해야 한다.

아파트식 케이지 상업적으로 친칠라를 사육하는 농장의 경우는 주로 아파트식 케이지를 이용한다. 아파트식 케이지는 보통 3층으로 구성되는데, 맨 아래 칸의 친칠라는 상대적으로 채광과 환기가 나쁜 열악한 환경에서 생활하게 되며, 더 많은 위협감과 스트레스를 느낀다. 따

라서 아파트식 케이지에서 친칠라를 기를 계획을 갖고 있다면 일주일 단위로 케이지의 위치를 바꿔주는 것이 좋다. 이렇게 해주면 특정 친칠라가 채광과 환기가 나쁜 맨 아래 칸에서 계속 생활하는 것을 막을 수 있다.

■**케이지의 위치** : 케이지를 설치할 적당한 위치를 찾는 것은 중요하다. 케이지를 둘 장소를 찾을 때, 청결과 편의성은 물론이고 친칠라의 편안함까지 염두에 둬야 한다. 예를 들어 어떤 친칠라는 소변을 볼 때 소변이 케이지 밖으로 튀어나가도록 자세를 잡기 때문에 케이지를 벽에 바짝 붙여놓지 않는 것이 좋다. 그렇지 않으면 벽에 친칠라의 소변이 튀어서 얼룩이 생길 수 있다.

또한, 직사광선이 들지 않는 곳에 설치하는 것이 좋다. 실내온도가 친칠라가 편안함을 느낄 수준이라도 직사광선이 내리쬐는 곳에 케이지를 둘 경우 케이지의 내부온도가 갑자기 상승할 수 있다. 특히 금속으로 된 케이지의 경우 더욱 그렇다. 습도가 너무 높거나 습한 김이 서리는 욕실 근처에 케이지를 두지 않도록 해야 하고, 나무난로나 벽난로 또는 난방기구의 환기구 근처도 피해야 한다. 이러한 장소 근처에 케이지를 두면 친칠라가 생활하기에 적정한 수준 이상으로 온도가 상승해 일사병에 걸려 죽을 수 있다. 친칠라는 호흡기질환에 취약하므로 추위와 외풍이 없는 곳, 냉난방 환기구에서 떨어진 곳에 케이지를 설치해서 추위에 떨거나 폐렴에 걸리는 일이 없도록 해야 한다. 새끼친칠라는 성체 친칠라보다 갑작스런 기온변화 등에 더 민감하므로 보다 세심한 주의를 기울여야 한다.

관찰과 핸들링이 용이한 곳에 케이지를 두도록 한다. 친칠라가 노는 모습을 볼 수 있고, 먹이를 주거나 케이지를 청소할 때, 물병과 베딩 및 장난감 등을 갈아줄 때 허리를 지나치게 구부리거나 까치발을 하지 않아도 되는 곳이 좋다. 마지막으

친칠라의 케이지를 설치할 때는 주변 환경이 안전하고 습도 및 온도 등이 적절한 곳을 선택해야 한다.

로 전체적인 환경을 염두에 둬야 한다. 친칠라는 예민하고 주변 소음과 갑작스러운 움직임(특히 머리 위의 움직임)에 쉽게 겁을 먹는 경향이 있다. 음향기기나 텔레비전, 여닫는 소리가 요란한 문 옆에 친칠라 케이지를 두지 않도록 한다.

친칠라는 자신에게 위험이 다가오는지 여부를 알 수 있고 친구들을 볼 수 있는 장소에 있을 때 가장 편안하고 안전하다고 느낀다. 친칠라는 여러분과 가족들이 언제 집안에 있는지 그리고 어디에 있는지 알고 싶어 할 것이다. 따라서 가구나 벽으로 그들의 시야를 가리지 않도록 하는 것이 좋다. 친칠라는 자신의 주변에서 어떤 일이 일어나고 있는지 훤히 볼 수 있는 장소를 좋아한다.

■**케이지 설치 시 주의사항** : 적절한 장소를 선택했다면 이제 케이지를 설치할 차례다. 케이지를 설치할 때는 다음과 같은 몇 가지 사항에 주의를 기울여야 한다.

반드시 실내에 설치 반려 친칠라는 온도와 습도 조절이 가능하고, 파리와 같은 해충과 질병을 옮길 수 있는 야생 설치류로부터 안전하며, 가족들이 무엇을 하는지 볼 수 있는 실내에서 길러야 한다. 부득이한 사정으로 친칠라를 실외에서 길러야 한다면, 바람과 직사광선이 차단된 안전한 곳에 케이지를 설치해야 하며, 하루 중 언제든지 시원한 그늘이 제공되는 곳이어야 한다. 다른 반려동물(개, 고양이, 페럿, 새 등)이나 야생동물(뱀, 매, 올빼미 등)로부터 안전한 곳에 케이지를 설치해야 한다. 여러분의 온순한 친칠라는 이러한 포식자들에게 적수가 되지 않는다는 것을 잊지 말아야 한다.

철망바닥과 친칠라의 발 철망 케이지의 바닥은 친칠라의 여린 다리, 발 그리고 발가락에 상처를 입힐 수 있다. 쭈글쭈글한 철망은 그렇지 않은 철망보다 더 위험하기 때문에 친칠라 케이지로 사용해서는 안 된다. 철망바닥은 친칠라의 여리고 민감한 발에 자극적이며, 발에 고통스러운 상처와 궤양을 유발할 수도 있다(제위위염의 원인이 된다, 181쪽 참고).

특히 새끼친칠라의 경우 작은 발과 가는 다리가 철망바닥 사이로 쉽게 빠지고, 철망구멍에 발이나 다리가 끼어 심각한 상처를 입거나 부러질 수도 있으므로 절대 바닥이 철망으로 된 케이지에서 길러서는 안 된다. 이러한 위험을

철망으로 된 바닥은 새끼친칠라의 작고 여린 발에 자극적이며 상처를 입히기 쉬우므로 사용하지 않는 것이 좋고, 사용할 경우에는 완충재를 깔아주는 등 세심한 주의를 기울여야 한다.

방지하기 위해서는 바닥이 단단하고 견고한 것이 이상적이다. 만약 케이지 바닥이 철망인 경우 철망 위 또는 바로 아래에 신문지나 베딩을 깔아주면, 철망바닥이 아닌 완충재에 친칠라의 하중이 가해져 발에 상처를 입을 가능성을 줄일 수 있다. 바닥에 단단한 나무판자 등을 깔아주는 것도 좋은 방법이다.

크고 평평한 바위나 나무 그루터기 등 앉아서 편히 쉴 수 있는 장소를 만들어주면 좋다. 목재를 넣어줄 생각이면 못이 박혀 있는 부분은 없는지, 독성물질은 없는지 또는 화학처리가 된 것은 아닌지 등을 확인해야 한다. 포플러나무, 자작나무, 복숭아나무, 사과나무로 만든 판재가 가장 좋다. 삼나무 또는 레드우드 판재는 휘발성 오일과 친칠라에게 유해한 물질을 포함하고 있으므로 피한다.

과밀은 피하라 친칠라는 대부분의 설치류에 비해 크고 활동적이기 때문에 더 넓은 공간이 필요하다. 한 케이지에 지나치게 많은 친칠라를 합사함으로써 케이지가 좁아지면 심한 스트레스를 받게 되므로 자신만의 공간을 제공해주는 것이 필요하다. 친칠라는 소규모 가족 단위로 생활하는 것을 좋아하는데, 친칠라의 수가 많아질수록 필요한 공간도 그만큼 넓어져야 한다는 것을 잊지 않도록 한다. 또

한, 친칠라는 더위에 약해 일사병에 걸리기 쉽다. 추위를 견디기 위해 체내에 열(체온)을 보존하는 데는 능숙하지만 몸 밖으로 발산하는 기능은 떨어진다. 한정적인 공간에 너무 많은 수의 친칠라가 생활하게 되면 케이지 속 기온이 과도하게 올라갈 수 있고, 스트레스를 받은 친칠라들이 서로 싸움을 할 수도 있다. 따뜻한 날에 과밀한 케이지의 기온이 상승해 일사병으로 죽을 수도 있다.

바닥재

케이지 바닥에 깔아주는 바닥재는 매우 중요한 부분이며, 친칠라를 정서적으로 만족시킬 수 있는 바닥재를 선택하는 것이 좋다. 친칠라는 수분과 무기물을 저장하는 수단으로 소변을 한 곳에 배출하는데, 그 결과 소변은 케이지 바닥에 쌓여 응고되고 악취를 풍긴다. 이렇게 쌓인 소변은 식초를 이용해 간단하게 제거할 수도 있지만, 가능한 한 깨끗하고 흡수력이 뛰어난 소재의 베딩을 깔아주는 것이 친칠라 소변에서 나오는 악취를 최소화할 수 있는 최선의 방법이다.

시중에는 다양한 소재의 바닥재용 베딩이 판매되고 있다. 대팻밥, 파쇄된 종이, 건초, 우드칩, 톱밥, 산성백토, 고양이 화장실용 펠릿(뭉쳐지지 않고 무향인 제품을 선택해야 한다), 옥수숫대, 신문지, 절단된 짚(베딩용 건초나 짚은 반드시 잘게 절단된 것만 사용해야 한다. 작고 날카로운 막대 같은 입자가 포함돼 있는 건초나 짚을 사용하는 경우 친칠라의 눈에 상처를 입힐 수 있다) 등이 있는데, 이 중에서 적합한 것을 선택하면 된다.

바닥재로 사용되는 모든 종류의 베딩에는 각각 장단점이 있는데, 사용하기 편리하고 깨끗하며 비용이 적당한 소재를 선택하는 것이 좋다. 파쇄된 종이는 훌륭한 바닥재로 적극 추천되는 소재이지만, 다른 베딩에 비해 좀 비싸다는 단점이 있다. 대팻밥은 향이 좋고 소변과 악취를 흡수하며 파쇄된 종이보다 저렴하다는 장점이 있지만, 다음과 같은 여러 가지 단점 때문에 사용하지 않는다. 우선 친칠라가 대팻밥을 갉아서 먹을 수 있는데, 이 경우 위장관 폐색과 같은 심각한 건강문제로 이어질 수 있다. 또 대팻밥 속에 날카로운 목재가 섞여 있을 수 있으며, 이는 연마성이 있기 때문에 친칠라의 연약한 발에 상처를 입

바닥재의 관리

바닥재로 사용하는 베딩은 적어도 일주일에 한 번씩 새것으로 갈아주는 것이 좋다. 한 케이지에 한 마리 이상의 친칠라를 같이 기른다면 가능한 한 자주 베딩을 교체해줘야 한다.

혀 제위위염(pododermatitis)[2]이 유발될 수 있다. 대팻밥 속에 포함된 작은 목재덩어리가 친칠라의 눈에 들어가 상처를 입힐 수도 있고, 대팻밥의 미세먼지는 폐를 자극하고 친칠라뿐만 아니라 사람에게도 알레르기를 일으킬 수 있다. 소나무, 삼나무 등 많은 종류의 나무가 간질환, 알레르기, 피부질환과 같은 건강문제를 일으킬 수 있는 물질과 휘발성 오일이 포함돼 있으므로 이러한 나무에서 나온 대팻밥은 사용하지 않도록 한다. 대팻밥의 경우 가장 안전한 포플러나무를 추천한다.

옥수숫대는 피부에 매우 건조한 경향이 있고 탈수를 유발할 수 있으며, 특히 새끼나 어린 친칠라에게 좋지 않기 때문에 권장되지 않는다. 고양이 화장실용 모래(점토형)는 친칠라가 삼킬 경우 건강에 위험을 초래할 수 있으므로 뭉쳐지거나 향이 있는 고양이 화장실용 모래는 베딩으로 사용하지 않도록 해야 한다. 우드칩 또한 날카로운 부분이 친칠라의 눈을 찔러 상처를 입힐 수 있기 때문에 추천하지 않는다. 톱밥은 폐에 자극을 주고 친칠라의 작은 콧구멍을 막을 수 있으며, 눈을 건조하게 만들기 때문에 좋지 않다. 종이펠릿은 적극 권장된다.

어떤 유형의 베딩을 선택하든, 반려동물 케이지 바닥재용 베딩이라고 명시된 포장제품만 구입해야 한다. 마구간에서 사용하기 위한 용도로 판매되거나 외부에 보관된 마구간 바닥재용 목재 가루, 건초와 짚은 야생 설치류의 소변 및 세균과 같은 유해물질에 오염됐을 가능성이 높기 때문에 이런 바닥재를 사용할 경우 친칠라의 건강을 해치거나 전염병을 옮길 수 있다. 베딩을 사용할 때는 가능한 한 먼지가 없는지 항상 확인해야 한다. 먼지, 곰팡이, 미세먼지가 많이 함유된 베딩은 폐에 심한 자극을 주고 호흡곤란, 재채기, 기타 호흡기질환을 일으킬 수 있다.

급수기

친칠라 한 마리는 하루에 30~60ml의 수분을 섭취하며, 신선한 물을 언제든지 이용할 수 있도록 해줘야 한다. 매일 신선하고 깨끗한 물을 물병에 가득 채워 제공하는 것이 좋다. 물을 넓적한 그릇에 담아 제공하는 것은 피하도록 한다. 친칠라가 물에 발을 담가서 그릇을 엎어버리거나 배설물로 식수가 오염될 수 있다.

---

2) 곰팡이나 세균감염 또는 이물에 의한 자극 등의 원인으로 인해 발가락 사이에 발생하는 피부질환(181쪽 참고)으로 발적과 각질, 소양감 등의 증상이 나타난다. 족피부염 또는 범블풋(bumble foot)이라고도 한다.

새끼친칠라의 경우 물그릇에 빠져 익사할 수도 있으므로 반드시 물병에 담아 제공해야 한다. 이때 물병을 케이지 밖에 부착하면 친칠라가 놀 수 있는 공간을 더 많이 확보할 수 있다.

유리나 플라스틱으로 된 물병을 주로 이용하는데, 플라스틱 물병을 사용하는 경우 친칠라가 갉는 일이 없도록 주의해야 한다. 빨대에서 물이 제대로 나오는지 먹이, 먼지 또는 바닥재 등 이물질이 끼지 않았는지도 매일 확인해야 한다. 빨대가 더러우면 세균이 증식하기 쉽고 식수가 오염될 수 있으므로 둥근 솔을 이용해 매일 철저히 세척하도록 한다.

1. 물병을 케이지 밖에 설치하면 친칠라가 놀 수 있는 공간을 더 많이 확보할 수 있다. 2. 건초렉은 건초를 깨끗하고 신선하게 유지하는 데 좋은 용품으로, 건초가 케이지 바닥에 떨어져 오염되는 것을 막을 수 있다.

피더와 건초렉, 그릇

J자 모양 피더(feeder) 같은, 반려동물에게 펠릿을 급여할 때 사용되는 특수한 먹이급여기를 구비하면 여러모로 유용하다. 이러한 피더를 사용하면 친칠라가 그 위로 올라갈 수 없기 때문에 배설로 인한 먹이의 오염을 막을 수 있다. 또한, J 피더에 먹이를 담아서 주면, 친칠라가 먹이를 파헤쳐 흩뜨리는 것이 어렵기 때문에 먹이가 낭비되는 것을 막을 수 있다. J자 모양 피더는 케이지 바닥 공간을 차지하지 않도록 케이지 바깥쪽에 부착해서 설치하는 것이 좋다.

건초를 급여할 때는 건초렉을 이용하는 것이 좋다. 건초렉은 건초를 깨끗하고 신선하게 유지하는 데 좋은 용품으로, 건초가 케이지 바닥에 떨어져 오염되는 것을 막을 수 있다. 건초렉은 또한 친칠라가 건초를 먹는 일을 좀 더 재미있는 놀잇거리로 만들어주기도 한다. 건초렉에 들어 있는 건초를 꺼내기 위해 다가가서 당기고 움직여야 하기 때문이다. 스테인리스나 세라믹처럼 친칠라가 갉을 수 없는 재료로 만들어진, 바닥이 넓고 묵직한 그릇은 작은 간식을 제공할 때 이상적이다.

은신처와 터널

각 케이지에는 적어도 한 개의 은신처를 비치해야 하며, 많으면 많을수록 좋다. 은신처는 나무둥지, 큰 화분이나 PVC 배관처럼 단순한 아이템으로 만들 수도 있다. 나무로 된 은신처는 친칠라가 갉으며 놀 수 있어서 좋다. PVC 배관은 안전하고 저렴하며, 청소하기도 용이하고 가까운 철물점에서 쉽게 구할 수 있다.

친칠라는 숨을 곳, 즉 은신처가 있는 집을 좋아하고, 이 은신처에서 안락함과 안전감을 느낀다.

PVC 배관을 구입할 때는 친칠라가 안에서 편안하게 쉴 수 있을 정도의 너비와 길이를 가진 것으로 선택한다. PVC 배관은 케이지 상단에 걸어둘 수 있어서 케이지 바닥 공간을 많이 차지하지 않고 선반이나 은신처로 사용할 수도 있다.

친칠라는 은신처에서 휴식하는 데 많은 시간을 보내며 안락함과 안전함을 느낄 것이다. 은신처는 어둡고 조용해서 친칠라가 땅굴에 있는 것처럼 느끼게 되므로 놀이, 빛이나 소음 등의 환경에 지치면 은신처로 들어가 휴식을 취할 수 있다. 은신처는 친칠라가 케이지에서 받을 수 있는 스트레스를 줄여주는 장소이기 때문에 친칠라의 건강과 복지를 위해 절대적으로 필요한 물품이다.

목욕모래

친칠라는 철저하게 청결함을 유지하는 동물로 냄새가 거의 없다. 털은 풍성하고 부드러우며 윤기가 나는데, 간단한 관리와 정기적인 모래목욕만으로 풍성하고 윤기 나는 털을 유지할 수 있다(137쪽 그루밍 참고). 야생에서와 마찬가지로, 반려 친칠라의 경우도 모래목욕을 통해 먼지를 제거하고 털이 푹 가라앉게 하는 기름이

친칠라에게 있어서 모래목욕은 필수적인 활동이다. 모래목욕은 친칠라의 피부에서 과도한 기름이 나오는 것을 막고 털을 청결하게 유지하며, 피부를 건강하게 해준다.

생기는 것을 방지한다. 모래목욕은 또한 친칠라의 피부건강을 유지하는 데도 도움이 된다. 친칠라 전용으로 판매되는 목욕모래는 반려동물용품점이나 온라인 쇼핑몰을 통해 쉽게 구입할 수 있다. 블루 클라우드(Blue Cloud), 블루 스파클 친칠라 모래(Blue Sparkle Chinchill Dust) 등 다양한 브랜드를 이용할 수 있다.

모래목욕을 위해서는 목욕통에 목욕모래 2컵을 넣어주면 되며, 반려동물용품 숍이나 온라인 쇼핑몰에서 뚜껑이 있는 친칠라 전용 모래목욕통을 구입할 수 있다. 플라스틱 항아리 모양의 목욕상자를 사용하면 밖으로 넘쳐흐르는 모래의 양을 최소화할 수 있고, 모래목욕을 하면서 즐거워하는 친칠라의 모습과 우스꽝스러운 행동을 밖에서 지켜볼 수 있다. 친칠라는 안에서 편안하게 구를 수 있을 정도로 충분히 크고 납작한 용기(플라스틱이나 스테인리스 대접, 도자기 국그릇, 작은 상자 등)라면 무엇이든 잘 사용하겠지만, 이러한 것들은 친칠라가 구를 때 공기 중으로 먼지가 많이 날리기 때문에 추천하지 않는다.

친칠라의 털 관리는 아주 쉽고 매우 즐거운 일이며, 일주일에 두 번 모래목욕을 시키면 된다. 보호자가 할 일은 모래목욕을 즐기는 모습을 지켜보는 것뿐이다. 케이지에 목욕통을 넣어주고 가만히 기다리면, 오래지 않아 목욕통 안으로 뛰어들어 우스꽝스러운 행동을 하면서 모래 위를 굴러다닐 것이다. 목욕통 안팎으로 여러 번 뛰고 굴러다니면서 엄청난 모래먼지를 일으키게 되므로 컴퓨터와 먼지에 민감한 전자기기가 없는 곳에 케이지를 설치해야 한다. 공기필터를 설치하면, 먼지가 방 안을 가득 메워 사람과 친칠라 모두에게 불편함을 주는 것을 막을 수 있다. 10~15분 정도 모래목욕을 마음껏 즐길 수 있도록 해주고, 목욕이 끝나면 모래 위에 배설하기 전에 즉시 케이지에서 목욕통을 꺼낸다.

쳇바퀴

쳇바퀴는 친칠라에게 장난감이자 없어서는 안 될 필수품이다. 친칠라는 매우 활동적인 동물로 달리기를 무척 좋아한다. 쳇바퀴는 친칠라에게 놀이와 '풍부화환경'을 제공하며, 신체 컨디션을 유지하는 데 유용한 도구다. 친칠라는 쳇바퀴에서 수십 km를 달리며, 매일 쳇바퀴를 사용할 것이다. 만약 친칠라가 쳇바퀴에 별 관심이 없다면 어딘가 아픈 곳이 있다는 초기 징후일 수 있다.

쳇바퀴를 구입할 때는 친칠라가 마음껏 달려도 부서지지 않는 튼튼하고 큰 것을 선택하도록 한다. 성체의 경우 지름이 46cm(실제로 이렇게 큰 제품을 시중에서 구하기는 어렵다. 가능한 한 큰 제품을 선택한다-편집자 주), 어린 친칠라의 경우 30~36cm인 쳇바퀴가 적당하다. 너비는 최소 10cm 이상 돼야 하며, 15cm가 이상적이다. 발 부상 및 골절상 등의 사고를 방지하기 위해 바퀴살이 없고 바닥이 단단한 것이 좋다.

쳇바퀴의 유형은 독립형(스탠드형)과 케이지 벽에 부착하는 형태가 있다. 독립형 쳇바퀴는 케이지 바닥 공간을 많이 차지하고 친칠라가 쳇바퀴를 피해 움직여야 하는 등 놀이공간을 잡아먹는다는 단점이 있다. 더 중요한 것은, 독립형 쳇바퀴는 만약 한 마리가 쳇바퀴 안에서 달리고 있고 쳇바퀴가 움직이는 동안 다른 한 마리가 뛰어들려고 한다면 위험을 초래할 수 있다는 점이다. 뛰어들려는 친칠라가 쳇바퀴의 지름을 가로지르는 지지대와 바퀴받침대의 수직막대 사이에 갇혀버릴 수 있다. 쳇바퀴를 케이지 한쪽 벽이나 지붕에 고정시키면 잠재적 사고가 일어날 확률이 줄어들고, 케이지 바닥의 놀이공간을 더 많이 확보할 수 있다.

한 케이지에 한 마리 이상의 친칠라를 기르고 있고 케이지 내 공간이 충분할 경우, 두 마리의 친칠라가 동시에 쳇바퀴에서 놀 수 있도록 쳇바퀴를 하나 더 설치해주는 것이 좋다. 친칠라는 자신의 쳇바퀴에

쳇바퀴는 친칠라가 스트레칭을 하고 편안하게 달릴 수 있을 정도로 커야 한다. 바퀴살이 있으면 친칠라가 부상을 입을 수 있으므로 바퀴살이 없는 쳇바퀴를 사용하는 것이 좋다.

대한 소유욕이 강해서 다른 친칠라와 쳇바퀴를 공유하려 하지 않을 수도 있다. 낮에도 바쁘게 움직이기는 하지만, 기본적으로 친칠라는 야행성 동물이다. 야간에 깊이 잠들지 못하는 사람이라면 쳇바퀴 돌아가는 소리가 수면을 방해하지 않을 만한 장소에 친칠라 케이지를 두는 것이 좋다. 아니면 낮에만 쳇바퀴를 달리도록 유도하는 것도 괜찮은 방법이다. 이렇게 하면 친칠라는 낮 동안 더욱 활동적이게 되고, 보호자는 밤에 숙면을 취할 수 있을 것이다.

장난감

친칠라는 장난기와 호기심이 많은 동물이다. 친칠라는 일 년 내내 활동을 하고, 겨울잠을 자지 않는다. 한 케이지에서 함께 지내는 친칠라들은 서로 장난 치고 상호교감하는 데 많은 시간을 보낸다. 사교적이고 호기심 많은 성격 때문에 친칠라에게는 뛰면서 장난치고 서로 친해질 수 있는 충분한 공간이 있는 케이지가 필요하다. 또한, 마음껏 가지고 놀 수 있는 안전하고 흥미를 끄는 장난감도 많이 제공해야 한다. 친칠라의 행복을 위해서 장난감을 사는 것은 가치 있는 투자다. 친칠라는 놀고 탐험하는 것을 매우 좋아하며, 신나게 뛰어놀고 여기 저기 탐험하는 친칠라의 모습을 지켜보는 것은 보호자에게 큰 즐거움이 될 것이다.

친칠라는 끊임없이 무언가를 물고 갉는다. 그들의 앞니는 계속 자라고 마모가 필요하기 때문에 나무막대나 나뭇가지와 같이 갉아도 안전한 설치류용 이갈이 장난감을 제공해줘야 한다. 반려동물용품 숍에서 안전한 설치류용 이갈이 막대를 구입하는 것이 가장 좋은 방법이다. 잔가지나 나무막대를 줄 생각이라면, 날카로운 부분은 없는지, 독이 있거나 몸에 해로운 물질을 품고 있는 식물 또는 나무(삼나무, 벚나무, 서양협죽도, 서양자두나무나 미국 삼나무 등)의 가지는 아닌지 확인해야 한다.

위험한 장난감

종이타월과 화장지 또는 포장지에 삽입된 마분지로 된 종이심은 친칠라에게 좋은 장난감이 아니다. 좋은 터널장난감이 될 것 같고 그것을 갉으면서 놀기에 좋아 보이지만, 대부분 종이심의 98~99%는 재활용품으로 제작돼 잉크 잔여물이나 다른 오염물질을 함유하고 있다. 그리고 마분지를 붙이는 데 사용된 풀에 독성이 있을 수도 있다. 옥수수속말로 제조된 것 또는 개에게 간식으로 주는 가공된 뼈다귀를 친칠라에게 주지 않도록 한다. 이러한 것들은 친칠라를 비만으로 만들고 피부 알레르기와 소화기질환을 일으킬 수 있다. 또한, 생가죽으로 만든 씹는 장난감은 자칫 위와 장에 폐색을 일으킬 수 있으므로 주지 않는 것이 좋다.

친칠라는 갉을 수 있는 다양한 종류의 장난감을 좋아한
다. 포플러나무처럼 안전한 것을 제공하도록 한다.

포플러나무는 설치류의 이갈이용 막대로 사용하기에 훌륭하다. 사과나무, 자작나무와 단풍나무도 이갈이용 장난감으로 사용해도 괜찮다. 페인트 칠 또는 화학처리가 된 목재는 절대 장난감으로 제공해서는 안 된다.

친칠라는 삶을 좀 더 흥미롭게 만들어주는 물건 또는 활동이라면 어떤 것이든 좋아한다. 친칠라는 오르내리고 여기저기 끌고 당기거나 통과할 수 있는 놀이기구와 장난감을 좋아한다. 케이지 지붕에 매달거나 걸어주는 장난감이 가장 인기 있다. 케이지에서 굴리면서 놀 수 있는 단순한 공(친칠라의 강한 앞니를 견딜 수 있는)도 훌륭한 장난감이다. 은신처, 둥지상자, 납작한 선반, 큰 벽돌이나 앉을 수 있는 평평한 바위도 좋은 장난감이 될 수 있다. 이런 제품들은 반려동물용품 숍에서 구입하거나 보호자가 직접 만들 수 있다. 철물점에서 산 PVC 배관으로 긴 터널을 저렴하게 만들어줄 수도 있는데, PVC는 친칠라에게 안전하고 저렴하며 청소하기도 쉽고 재활용도 가능하다. 화학처리가 안 되고 독성이 없는 나무로 둥지상자나 은신처를 만들어줄 수도 있다. 명심해야 할 것은 어떤 종류의 장난감을 주더라도 친칠라는 그 장난감을 갉아서 망가뜨리거나 삼킬 수 있다는 사실이다. 따라서 반드시 안전하고 독성이 없는 재료로 만들어진 장난감인지 확인해야 한다.

간혹 가장 단순하고 저렴한 물건이 친칠라에게 가장 흥미로운 장난감이 되기도 한다. 케이지 벽에 그냥 샤워 커튼 고리를 달아주는 것만으로도 호기심 많은 친칠라는 오랫동안 즐겁게 놀 수 있다. 종이봉투를 케이지에 넣어주면, 몇 시간 동안 종이봉투 안을 탐험하고 기어 다니며 갈기갈기 찢으면서 놀 것이다. 친칠라를 즐겁게 하는 데는 그렇게 많은 것이 필요하지 않다. 여러분이 상상할 수 있는 모든 것이 친칠라에게 즐거운 장난감이 될 수 있다.

Chapter 4
친칠라의 일반적인 관리

친칠라를 기르는 데 있어서 기본적
으로 관리해야 할 사항에 대해 살펴
보고, 먹이의 종류와 급여 및 급여방
법 등에 대해알아본다.

 Section 01

사육장 및 사육환경 관리

친칠라를 기를 때는 주변 환경에도 각별히 신경 써야 한다. 적당한 온도, 습도, 환기와 채광이 제공되지 않는 환경에서 친칠라는 건강하게 자라지 못한다.

온도 및 습도

가능한 한 습도가 낮은 곳에 케이지를 두는 것이 매우 중요하다. 친칠라에게 이 상적인 습도는 30%~50%이며, 이와 같은 습도 수준에서는 질병을 유발할 수 있 는 미생물이 공기 중에서 생존하지 못한다. 만약 집안이 습하다면 제습기를 이용해 친칠라가(그리고 여러분도) 편안하게 느낄 수 있는 습도 수준을 유지하도록 한다. 친칠라가 생활하기에 적당한 온도는 17~25℃다(18~21℃에서 편안하게 활동). 친칠라는 열(더위)에 매우 민감하고 일사병에 쉽게 걸리므로 적절한 온도유지가 중요하다. 높은 습도는 친칠라가 일사병에 걸릴 확률을 더욱 높이는데, 여러분이 살고 있는 지역이 습한 곳이라면 27℃ 이하의 온도에서 친칠라를 길러야 한다.

친칠라는 더위를 못 견디는 만큼이나 영하로 떨어지는 추위도 견디지 못한다. 친칠라는 아름다운 털로 사랑을 받는 동물인데, 실내온도가 5~12℃, 실내습도가 50% 이하라면 털은 더 길고 빽빽하게 자라 본연의 아름다움이 감소된다. 따라서 케이지를 히터나 라디에이터 또는 선풍기 옆, 직사광선과 찬바람이 들어오는 곳에 두지 않도록 해야 한다.

환기와 채광

신선한 공기는 항상 중요하다. 친칠라는 환기가 잘 되지만 바람이나 외풍은 없는 환경을 필요로 한다. 환기량을 조절할 수 있는 정교한 케이지를 사용하고 있다면(대부분의 케이지에는 환기량조절기능이 없다), 겨울에는 시간당 8회 그리고 여름에는 시간당 15회 환기가 되도록 조절해주는 것이 이상적이다. 케이지에 환기량 자

케이지는 가장 비싼 투자를 해야 하는 물품이다. 친칠라가 뛰어놀 수 있는 공간이 충분한 것을 구입하도록 한다.

동조절기능이 없다고 해서 낙담할 필요는 없다. 환기를 시켜줄 필요가 있는지 여부를 느낌으로 알 수 있을 것이다. 공기의 순환을 돕는 팬이 환기에 매우 유용하며, 친칠라에게 직접 팬 바람이 가지 않도록 조심하기만 하면 된다.

친칠라가 더위보다 추위를 더 잘 견디기는 하지만, 춥고 눅눅하고 외풍이 심한 환경에 매우 민감하다. 이런 환경에 노출되면 호흡기질환에 걸리기 쉽고, 이것이 빠르게 폐렴으로 발전해서 사망으로 이어질 수도 있다. 친칠라의 케이지는 외풍과 추위, 눅눅한 환경에 노출되지 않도록 주의를 기울여야 한다.

친칠라는 야행성(nocturnal) 동물이자 여명행성(crepuscular) 동물이다. '야행성'이란 밤 동안에 왕성하게 활동하는 습성을 의미하며, '여명행성'은 아침과 늦은 오후에 활동을 시작하는 습성을 말한다. 'crepuscular'는 황혼을 의미하는 프랑스어 'crepuscule'에서 유래한 것이다. 친칠라는 보통 낮 시간에는 휴식을 취하므로 낮에는 너무 밝지 않고 밤에는 어두운 공간에 케이지를 둬야 한다. 친칠라에게는 낮 동안 12시간 빛이 비치고, 밤에 12시간 어둠이 지속되는 환경이 가장 이상적이다. 여의치 않은 경우 이 스케줄을 엄격하게 따를 필요는 없다.

케이지 청소

친칠라는 깨끗하고 냄새가 거의 안 나는 동물로서 청결한 케이지를 좋아하며, 케이지가 더러우면 극심한 스트레스를 받게 된다. 따라서 적어도 일주일에 한 번은 케이지 청소를 해줘야 하며, 가능한 한 자주 청소를 해줄수록 좋다. 케이지에서 냄새가 난다면 청소할 때가 한참 지났다는 의미이므로 깨끗하게 청소하도록 하자. 참고로 케이지와 케이지 바닥은 청소하기 쉬운 구조여야 하며, 수분과 소금기 그리고 세제에 강해야 오래 사용할 수 있다는 점을 알아두도록 한다.

표백제와 물을 1:20의 비율로 섞으면 훌륭한 소독용액이 된다. 이 용액을 이용해 케이지를 깨끗하게 청소한 후 철저하게 헹구고, 물기를 말린 뒤 친칠라를 돌려보낸다. 케이지를 청소할 때 리졸(Lysol) 또는 파인솔(Pine-sol)과 같이 페놀(phenol)이 포함된 세제는 친칠라에게 치명적이므로 사용하지 않는 것이 좋다.

케이지 바닥 팬을 깨끗한 물로 헹구고 잘 말린 뒤에 베딩을 깔아준다. 케이지 바닥 팬은 가능한 한 햇빛에 말리는 것이 좋은데, 햇빛의 자외선이 세균증식을 막아준다. 케이지 밖으로 베딩이 흘러넘치는 것을 막기 위해 바닥 팬 옆면의 높이는 8.5~11cm가 돼야 한다.

등받이가 높은 코너 화장실은 케이지의 바닥 공간을 적게 차지하고, 오줌이 밖으로 흘러내리는 것을 막는 데 도움이 된다.

다른 반려동물의 존재

친칠라를 토끼, 고양이 그리고 개 등의 다른 반려동물과 같은 공간에서 기르거나 근처에 두지 않도록 한다. 이러한 반려동물은 보르데텔라(Bordetella, 그람음성의 구간균의 한 속) 박테리아의 보균자일 수 있는데, 보르데텔라 박테리아는 심각한 호흡기질환을 일으킬 수 있다. 게다가 다른 반려동물, 특히 포식자에 해당하는 동물의 존재는 친칠라에게 심각한 스트레스 요인이 될 수 있다.

안전관리(탈출 시에 대한 대비)

친칠라는 기가 막힐 정도로 탈출을 잘 하는 동물이며, 한마디로 탈출의 귀재라고 할 수 있다. 따라서 친칠라를 집으로 데려오기 전에 집안 구석구석을 찬찬히 살펴 미리 환경을 수정해야 한다. 호기심 덩어리인 친칠라가 케이지를 빠져나와 도망쳤을 때 맞닥뜨릴 위험요소는 없는지, 친칠라가 빠질 만한 크기의 공간이나 구멍은 없는지 주의 깊게 살펴보도록 한다. 이것이 친칠라가 사고를 당해 다치거나 죽는 것을 막을 수 있는 가장 안전하고 확실한 방법이다. 여러분의 집은 친칠라에게 매우 위험한 장소가 될 수도 있다는 것을 항상 염두에 둬야 한다. 집안에서 일어날 수 있는 많은 사고들 중 몇 가지를 살펴보자.

■**쥐덫과 쥐약** : 특별한 경우가 아닌 한 집이나 차고 주변에 쥐덫 또는 쥐약을 놓는 일은 별로 없을 것이다. 만에 하나 쥐덫이나 쥐약이 주변에 있다면 지금 당장 치우도록 하자. 쥐덫과 쥐약은 야생 설치류의 경우와 마찬가지로 반려 친칠라에게도 치명적인 영향을 미치게 되므로 각별히 주의해야 한다.

■**화학물질** : 친칠라는 탐험을 좋아하고 모든 것에 대해 호기심이 많다. 청소세제, 살충제, 페인트, 화학비료, 제초제, 기타 독성이 있는 화학제품이 보관된 사물함의 문은 친칠라가 들어가지 못하도록 항상 닫아둬야 한다. 이러한 물질들은 모두 친칠라에게 극히 위험하며, 잠재적으로 목숨을 앗아갈 수도 있다.

앞서 언급했듯이, 친칠라는 벽과 걸레받이를 포함해 나무로 된 것이라면 무엇이든지 종류를 가리지 않고 갉아대는데, 일부 목재제품은 독성물질이 있거나 납이 함유된 페인트가 칠해져 있을 가능성이 매우 크기 때문에 주의를 기울여야 한다.

■**전기감전** : 친칠라가 케이지에서 탈출했다면, 친칠라가 닿을 수 있는 곳의 전기제품 플러그는 모두 뽑아서 치워두도록 한다. 전선이나 코드를 갉아서 화재를 일으키거나 감전사할 수 있다.

■**세탁기** : 세탁기를 돌리기 전에 바닥에 쌓여 있는 세탁물더미 속을 살펴봐야 한다. 여러분도 모르는 사이에 친칠라가 세탁물에 딸려 세탁기 안으로 들어갈 수도 있다. 이런 사고는 성체 친칠라에게는 잘 일어나지 않지만, 케이지를 탈출한 새끼친칠라는 폭신한 빨랫감 속에 숨어서 조는 경우가 종종 있기 때문에 매우 위험하다. 세탁기와 건조기 사고는 친칠라에 있어서 자주 일어나는 사고다.

세탁기를 돌리기 전에 혹시라도 친칠라가 빨랫감에 딸려 세탁기 속으로 들어가 있지는 않은지 확실하게 살피도록 한다.

■**다른 반려동물** : 집에서 기르고 있는 다른 반려동물이 친칠라에게 심각한 위협이 될 수 있다. 개, 고양이 또는 페럿이 여러분에게는 순한 동물일지라도 작은 친칠라가 케이지를 빠져나와 집안을 헤집고 다니는 모습에 자극을 받는다면, 잠자고 있던 사냥본능이 재빨리 깨어나 그들을 죽일 수도

있다. 눈 깜짝할 사이에 끔찍한 사고가 일어날 수 있다는 사실을 잊지 말자. 친칠라가 케이지를 빠져나와 숨었다면, 그 즉시 다른 반려동물들을 친칠라를 해칠 수 없는 안전한 장소로 보내고, 가능한 한 빨리 친칠라를 포획해서 케이지로 안전하게 돌려보내야 한다.

■**현관문** : 실외나 차고로 이어지는 모든 문은 항상 닫혀 있어야 한다. 만약 친칠라가 차고로 도망친다면, 추가적인 위험과 독에 노출된다. 예를 들면, 차고 바닥에 에틸렌글리콜이 든 부동액 방울이 떨어져 있을 수 있다. 부동액은 달콤한 냄새로 인해 동물에게 매우 먹음직스러운 간식거리로 여겨지는데, 아주 짧은 시간에 신부전증을 일으키는 치명적인 독성 화학물질을 함유하고 있다(요즘은 독성 화학물질이 들어 있지 않은 부동액도 시판되고 있는 실정이다). 친칠라가 현관문 밖으로 도망치

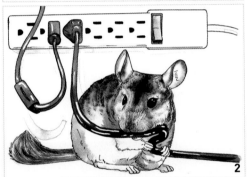

1. 친칠라가 탈출할 경우 집안은 친칠라에게 아주 위험한 공간이 될 수 있다. 캐비닛 문을 모두 닫고 쥐약, 쥐덫, 화학약품을 모두 제거하며, 유독식물은 친칠라에게 닿지 않는 곳에 치우도록 한다. **2.** 탈출한 친칠라는 전선을 갉기 때문에 이로 인해 감전되거나 화재를 일으킬 수 있다. 따라서 친칠라가 케이지에서 탈출했다면 친칠라를 찾을 때까지 모든 플러그를 뽑아두도록 한다.

면 여러분이 아무리 전력질주를 한다고 해도 친칠라를 따라잡을 수 없다. 사실상 영영 친칠라를 찾을 수 없게 된다. 일단 밖으로 나가면, 친칠라가 생존할 가능성은 적어진다. 친칠라는 자동차, 이웃집의 반려동물, 야생동물, 육식조류 그리고 가혹한 날씨를 이겨낼 재간이 없다.

■**독성식물** : 탈출한 친칠라도 시간이 지나면 배가 고프기 마련이다. 초식동물인 친칠라에 있어서 초록색 식물은 식욕을 한껏 돋우는 맛있는 먹이가 된다. 그러나 애석하게도 실내에서 기르는 많은 화초들이 독성을 내포하고 있기 때문에 친칠

라에게 치명적일 수 있다. 따라서 친칠라가 탈출을 해 집안 어딘가에 풀어진 상태라면, 친칠라가 먹었을 때 해로울 수 있는 모든 식물은 한쪽으로 치워두도록 한다. 비료와 살충제도 친칠라가 닿지 않는 곳으로 치워둬야 한다.

■압사 : 친칠라가 탈출했다면 발밑을 조심해야 한다. 친칠라가 여러분의 발밑으로 지나가고 있을 수도 있으며, 이때 자칫 친칠라에 걸려 넘어지거나 친칠라를 밟을 수도 있다. 발걸음을 옮기거나 어딘가에 앉을 때는 항상 조심하도록 한다.

> **독성식물의 종류**
>
> 바곳(Aconite) / 아마릴리스(Amaryllis) / 미국 호랑가시(American holly) / 미국 까마중(American nightshade) / 천사나팔꽃(Angel's trumpet) / 진달래(Azalea) / 극락조화(Bird of paradise) / 서양설앵초(Birdseye primrose) / 로벨리아(Blue cardinal flower; *lobelia*) / 미나리아재비(Buttercup; *ranunculus*) / 크로커스(Crocus) / 국화(Chrysanthemum) / 수선화(Daffodil) / 데일리(Daily) / 디기탈리스(Foxglove; *digitalis*) / 붓꽃(Iris) / 수국(Hydrangea) / 백합(Lily) / 루피너스(Lupine) / 겨우살이(Mistletoe) / 투구꽃무리(Monkshood) / 협죽도(Oleander) / 양파(Onion) / 필로덴드론(Philodendron) / 튤립(Tulip) / 포인세티아(Poinsettia) / 주목(Yew) / 철쭉(Rhododendron) / 투구꽃(Wolfsbane)

탈출한 친칠라의 포획

친칠라가 탈출해 집안에 풀어져 있다면, 친칠라가 장난을 치고, 종이를 갈기갈기 찢어놓고, 폴짝폴짝 뛰어다니면서 토해내는 소리(보호자를 목 놓아 부르고 있는 것인지도 모른다)를 듣게 될 것이다. 이때 온 집안을 헤집으면서 친칠라를 추적해 잡으려는 행동은 하지 않는 것이 바람직하다. 친칠라가 무언가에 쫓기고 있다고 느끼면 엄청난 스트레스를 받고 많은 양의 털이 빠질 수도 있다. 또한, 보호자를 피해 도망치기 위해 튀어 오르는 과정에서 물건이나 벽에 부딪히면서 다리가 부러질 수도 있다. 만약 극도의 패닉상태에 빠졌다면 추적할 경우 죽을 수도 있다.

친칠라가 케이지에서 도망친 경우 가장 먼저 해야 할 일은 외부로 통하는 모든 문을 닫는 것이다. 친칠라가 방으로 도망쳤다면 방문을 닫아 영역을 제한한다. 그런 다음 친칠라가 가장 좋아하는 간식을 들고 조용히 방바닥에 앉는다. 숨소리도 내지 말고 인내심을 갖고 기다려야 한다. 친칠라가 잘 길들여져 보호자를 금방 알아보거나 보호자와 친밀한 유대관계를 맺고 있다면, 보호자가 무엇을 가지고 왔는지 궁금해서 숨은 곳에서 나올 것이다. 일단 간식을 먹도록 내버려두면 친칠라는 여러분을 신뢰할 것이다. 간식을 다 먹으면 두 손으로 부드럽게 잡는데, 이때 너무 꽉 움켜쥐지 않도록 손아귀 힘을 잘 조절해서 안전하게 잡아야 한다. 털을 붙잡으면 털이 쉽게 빠지므로 주의해야 하는데, 이는 위험으로부터 벗어날 수 있도록 해주는 일종의 방어기제로 '털 빠짐(fur slip)'이라 불린다. 문제는 이 방어기제 때문에 친칠라의 아름다운 털이 엉망이 된다는 것이다.

여러분의 친칠라가 통제하기 어렵고 사회화가 잘 돼 있지 않거나 겁을 잘 먹는 성격이라면, 부상을 입히지 않고 잡을 수 있는 새로운 전략이 필요하다. 일단 방 가운데에 낮은 상자를 놓고 그 안에 간식을 넣어둔다. 모래목욕을 유도하기 위해 간식 대신 목욕모래를 넣어둘 수도 있다. 그런 다음 가만히 앉아서 기다린다. 이렇게 해두면 호기심 많은 친칠라는 탐색을 하기 위해 숨어 있던 곳에서 나와 상자 속으로 뛰어 들어갈 가능성이 높다. 친칠라가 상자 속으로 들어간 순간, 수건이나 시트를 상자에 던져 케이지로 옮긴다. 적합한 상자가 없다면, 밖으로 나온 친칠라를 향해 수건이나 시트를 직접 던져 덮고 부드럽게 감싸 안아서 재빨리 케이지로 옮기도록 한다. 이 방법을 사용할 때는 각별히 주의해야 하는데, 힘 조절에 실패해 친칠라가 압사당할 수도 있기 때문이다.

또 다른 방법은 밖으로 이어지는 모든 문을 닫고 케이지 문을 열어두는 것이다. 그런 다음 친칠라를 케이지 안으로 유도할 수 있도록 간식을 바닥에 쭉 이어지게 뿌리고, 케이지 안에는 친칠라가 가장 좋아하는 간식을 넣어둔다. 친칠라는 귀소본능을 지닌 동물로서 집으로 돌아오는 길을 잘 알고 있다. 불을 끄고 조용히 기다리면 케이지를 도망

친칠라가 탈출한 경우 우선 위험이 될 만한 요소들을 제거하는 것이 중요하며, 간식이나 목욕모래 등으로 유인해서 포획하는 것이 좋다.

쳐 나와 자유를 얻었다는 흥분이 서서히 사라지고 안정감을 되찾아 다시 케이지로 돌아올 것이다.

반려동물용품 숍 또는 온라인 쇼핑몰에서 포획틀을 구매하거나 동물보호소 또는 동물병원에서 대여해 설치하는 것도 또 다른 방법이다. 동물보호소나 동물병원에서 포획틀을 대여할 경우는 철저히 소독하고 난 뒤에 사용해야 한다. 병에 걸린 동물이나 야생동물을 잡는 데 사용됨으로써 친칠라에게 치명적인 세균이 묻어 있을 수도 있기 때문이다. 포획틀을 설치해 친칠라를 잡는 것은 최후의 수단이다. 포획틀에 걸린 친칠라가 공황상태에 빠져 날뛰게 되면 벽에 부딪혀 부상을 입을 수 있기 때문이다. 또한, 심한 스트레스로 상당한 양의 털이 빠질 수도 있다.

1. 겁에 질려 있고 잡기 어려운 친칠라를 포획하는 데 촘촘히 짠 그물도 매우 유용할 수 있다. **2.** 탈출한 친칠라를 잡기 위해 동물을 포획하는 용도로 제조된 포획틀이 필요할 수 있다. 만약 도망친 친칠라를 잡기 위해 포획틀을 설치했다면 친칠라가 걸리지 않았는지 수시로 확인하도록 한다.

포획틀을 사용할 때는 친칠라가 가장 좋아하는 간식을 안에 넣어서, 접근하기 쉽고 조용한 장소에 설치한다. 이렇게 해두면 친칠라가 왕성하게 활동하는 한밤중에 포획틀에 걸릴 가능성이 크다. 수시로 포획틀을 확인한다. 포획틀에 걸릴 때쯤이면, 친칠라는 굶주림과 갈증에 지치고 심한 스트레스를 받은 상태일 것이다. 구멍이 작은 그물을 준비해두면 탈출한 친칠라를 포획할 때 안전하게 잡을 수 있다. 탈출한 친칠라를 잡을 때 어떠한 방법을 이용하든지, 친칠라가 상처를 입지 않도록 부드럽고 조심스럽게 행동해야 한다는 점을 절대 잊지 않도록 한다.

Section 02

먹이의 급여와 영양관리

먹이의 종류와 영양원

친칠라를 건강하게 기르기 위해서는, 영양분(단백질, 지방, 탄수화물, 비타민, 미네랄과 수분)이 적절하게 균형 잡힌 식단을 삶의 단계(성장, 유지, 번식과 연령 등)에 맞게 급여해야 한다. 이번 섹션에서는 친칠라 먹이의 종류와 영양원에 대해 살펴본다.

■**친칠라용 펠릿 사료** : 반려동물용품 숍이나 온라인 쇼핑몰에서 구할 수 있는 친칠라용 펠릿은 반려 친칠라에게 이상적인 먹이다. 친칠라 각 개체의 요구량에 따라 달라지겠지만, 올바르게 균형 잡힌 식단이란 단백질 10~20%, 지방 2~5%, 식이섬유 15~35%를 함유한 것이다. 사료업체들은 친칠라에게 필요한 기본적인 영양소가 모두 들어간 사료를 펠릿 형태로 생산해 판매하고 있다. 따라서 식단과 관련해 보호자가 할 일이란, 양질의 친칠라 펠릿 사료를 구입해서 매일 충분한 양의 펠릿 사료와 함께 신선한 건초를 항상 이용할 수 있도록 제공하고, 필요할 때 약간의 영양보조제와 간식을 주는 것이 전부라고 할 수 있다.

양질의 균형 잡힌 식단을 제공하는 것은 친칠라의 건강을 유지할 수 있는 가장 중요한 일이다.

품질이 좋은 친칠라용 펠릿으로는 마주리 친칠라 펠릿(Mazuri Chinchilla Pellets)을 비롯해 퓨리나 친칠라 펠릿(Purina Chinchilla Pellets), 옥스보우 친칠라 디럭스 (Oxbow Chinchilla Deluxe) 그리고 허바드 트래디션 친칠라 펠릿(Hubbard's Tradition Chinchilla Pellets)을 들 수 있다. 이러한 제품들은 반려동물용품점과 온라인 쇼핑몰을 통해 구입할 수 있다(국내에서 판매되지 않는 것도 있음을 참고한다–편집자 주).

과거에는 모든 영양성분을 포괄시키기 위한 방법으로 비타민C가 포함된 기니피그용 펠릿, 섬유질이 풍부한 토끼용 펠릿 그리고 다른 설치류의 펠릿을 섞어서 급여하는 것을 선호하는 경우도 있었는데, 이는 친칠라에게 영양적으로 균형 잡힌 먹이를 주고 싶다는 욕심에서 비롯된 행동이라 할 수 있다. 다른 동물의 펠릿 사료를 적절히 배합해주는 것이 친칠라에게 좋은지 여부에 대해서는, 수의사나 친칠라 브리더 사이에 의견이 분분했다. 일부 학자들은 토끼용 펠릿은 비타민D를 지나치게 많이 함유하고 있거나 친칠라에게 해로울 수 있다고 주장했고, 일부 수의사들은 이처럼 펠릿을 배합한 식단을 친칠라에게 급여하는 방법을 옹호했으며, 많은 친칠라 브리더들은 자신들이 기르는 친칠라에게 고품질의 토끼용 펠릿을 먹였을 때 건강했다고 보고했던 적도 있다(이 책이 집필되던 당시–편집자 주).

그러나 요즘은 친칠라에게 필요한 모든 영양소를 배합한 친칠라 전용 펠릿 사료가 시판되고 있기 때문에 가능한 한 친칠라용으로 특별히 제조된 양질의 펠릿을 급여하는 것이 가장 안전하다. 브리더에게서 친칠라를 분양받은 경우 그 브리더가 사용하고 추천하는 식단을 계속 유지하는 것도 괜찮은 방법이다. 어떠한 유형의 펠릿을 급여하든 중요한 것은 친칠라가 다루기에 적당한 크기와 단단함 그리고 점도를 가지고 있어야 한다는 점이다. 친칠라는 앞발을 사용해 먹이를 들고 먹기 때문에 펠릿이 앞발로 쉽게 움켜잡을 수 있을 정도의 크기여야 하고, 잡고 있는 동안 부스러지지 않을 정도로 단단해야 한다.

펠릿 사료를 구입할 때는 어떤 응고제가 사용됐는지 포장의 라벨을 자세히 확인해야 한다. 응고제는 펠릿 사료를 단단하게 응고시키는 데 사용되는 물질인데, 당밀이나 소듐벤토나이트(Sodium bentonite, 화산재가 풍화해 생긴 점토의 일종—편집자 주)와 같은 화학물질이 포함돼 있다. 과학적으로 명확하게 증명되지는 않았지만, 소듐벤토나이트가 토끼에 있어서 분변매복(fecal impaction, 단단한 대변덩어리가 배출되지 않고 직장 내에 쌓여 있는 상태, 숙변—편집자 주)을 유발하는 원인이 될 수 있다고 보고돼 있다. 따라서 친칠라가 변비 또는 마른 변과 같은 위장장애를 겪고 있다면 응고제로 소듐벤토나이트를 사용한 펠릿은 피하는 것이 좋다.

■**건초** : 건초는 친칠라의 일일식단에서 절대 빠져서는 안 되는 메뉴로서 먹이를 소화시키는 데 도움이 되는 필수섬유소를 제공한다. 이뿐만 아니라 보호자가 주변에 없을 때 좋은 일거리 혹은 놀 거리를 제공한다. 친칠라는 갉는 것을 좋아하며, 건초는 이빨을 마모시켜 무한정 길어지는 것을 막아줄 뿐만 아니라 좋은 씹을 거리가 된다. 따라서 신선한 건초를 항상 이용할 수 있도록 급여하는 것이 좋다. 건초의 종류에는 목건초(티모시, 버뮤다, 김의털, 수단, 버팔로, 새발풀 등), 콩과식물건초(클로버, 알팔파, 살갈퀴 등) 그리고 곡물건초(귀리, 보리 등)가 있다. 곡물건초에는 곡물 알갱이가 달려 있어야 하는데, 이 알갱이에 곰팡이가 쉽게 피기 때문에 친칠라에게 급여하기 전에 건초와 곡물을 자세히 확인해야 한다. 목건초는 친칠라에게 아주 훌륭한 먹이가 되며, 특히 티모시 건초(Timothy hay, 섬유소가 매우 풍부하다)는 친칠라에게 가장 이상적인 건초로 손꼽힌다.

콩과식물건초는 대부분 단백질과 기타 영양소들을 지나치게 많이 함유하고 있기 때문에 급여에 주의해야 한다. 콩과식물건초 중에서는 주로 알팔파(Alfalfa hay, 단맛과 영양분이 풍부하다)[1]를 이용하는데, 알팔파 건초는 단백질이 풍부하고 비타민과 칼슘 함량이 높기 때문에 성장기의 (혹은 성장이 부진한) 친칠라 또는 임신 중이거나 회복기(알팔파는 손상된 세포의 복구에 효과적인 물질이 포함돼 있다)에 있는 친칠라에게 급여하면 좋다.

시중에 판매되는 친칠라용 펠릿 사료에는 이미 콩과식물이 적당량 포함돼 있기

친칠라가 언제나 이용할 수 있도록 신선한 건초를 매일 충분히 제공해야 한다.

때문에 성체의 경우는 티모시를 급여하는 것이 적절하다. 건강한 성체에 있어서 콩과식물건초를 추가적으로 또는 과도하게 섭취할 경우, 설사와 복부팽만 등의 위장장애를 포함한 건강문제의 원인이 될 수 있고, 식물 에스트로겐(Estrogen, 여성호르몬의 일종)으로 인한 호르몬 불균형을 초래할 가능성도 있다.

건초를 구입할 때는 신선하고 달콤한 냄새가 나는 것을 선택하는 것이 바람직하다. 수분이 많은 건초는 피해야 하며 먼지, 이물질, 잡초, 막대, 플라스틱, 벌레 또는 곰팡이(보통 건초에 회색이나 검은색의 미세한 가루가 묻어 있거나 탄 자국이 나타난다)가 없는지 꼼꼼히 확인해야 한다. 변색되거나 날카롭고 무른 건초도 피해야 한다. 줄기가 아닌 양질의 건초를 구입해야 하는데, 줄기는 영양학적 가치가 없으므로 구입하기 전에 정확하게 확인하는 것이 좋다.

소동물용으로 포장된 건초를 구입하는 것이 가장 안전하며, 옥스보우(Oxbow)라는 회사에서 생산되는 오차드그라스(Orchard grass, 북미산의 볏과식물)와 연맥(Oat hay)이 좋은 제품이다. 마구간용 건초(줄기일 가능성이 높다)나 야외저장고에 보관된 건초는

------

1) 일반적으로 6개월 이전의 성장기에는 단백질의 양이 많고 비타민과 칼슘 함량이 높은 알팔파 건초, 성장기가 지난 6개월 이후부터는 섬유질이 풍부한 티모시 건초를 급여하는 방식이 권장된다.

구입을 피한다. 건초를 야외에 보관할 경우 곰팡이를 비롯해 새똥, 야생 설치류의 배설물과 세균 등의 유해물질에 오염될 가능성이 높으며, 이러한 유해물질은 친칠라의 건강을 위태롭게 만든다.

일부 건초의 경우 작은 블록 또는 큐브 형태로 판매되는 것도 있는데, 블록이나 큐브 형태의 건초는 친칠라에게 급여하기도 편하고 보관하기도 용이하다. 큐브 형태의 건초는 느슨하게 포장된 건초 또는 묶은건초(baled hay, 건초를 일정한 형태로 묶은 것으로 곤포건초라고도 하며 사각형, 원통형 등이 있다–편집자 주)에 비해 가격이 비쌀 수도 있지만, 지저분하지 않고 버리는 양도 적

친칠라는 각형 압축건초를 좋아한다. 각형 압축건초를 제공할 때는 잘 말린 양질의 건초로 만든 것, 알팔파가 적절하게 함유된 것인지 확인해야 한다.

으며 친칠라가 좋아한다는 장점이 있다. 큐브 건초는 또한 운반과 급여가 용이해 친칠라를 데리고 여행을 다닐 때 사용하면 아주 이상적이다. 건초를 보관할 때는 청결하고 서늘하며 어둡고 건조한 곳, 오염물질이 없는 곳에 보관해야 한다. 친칠라에게 항상 신선한 건초를 급여할 수 있도록 한 번에 소량씩만 구입하는 것이 좋으며, 매일 케이지를 점검해서 바닥에 흐트러져 있는 건초를 깨끗하게 정리하고 치워주도록 한다.

■**견과류, 씨앗 그리고 곡물** : 귀리, 밀, 밀기울, 아마(Flax), 보리를 혼합한 것을 영양보충제 대신 소량 급여할 수도 있다. 단, 하루 섭취량이 1/2작은술(2.5mL)에서 1작은술(5mL)을 초과하지 않도록 해야 한다. 옥수수는 급여해서는 안 되는데, 옥수수는 비만을 초래하고 피부 알레르기의 원인이 될 수 있다. 견과류도 비만이 되기 쉬우므로 급여할 때는 일주일에 한 개 또는 두 개로 최소화한다. 대부분의 친칠라는 해바라기 씨앗을 아주 좋아한다. 해바라기 씨앗을 급여할 때는 껍질이 있고 소금기가 없는 생것을 주되, 하루에 한 개 또는 두 개로 제한한다.

견과류, 씨앗, 곡물을 급여할 때는 작은 그릇을 별도로 준비해 펠릿과 따로 담아줘야 한다. 펠릿 그릇에 함께 담아줄 경우 펠릿보다 더 맛있는 견과류 등을 찾기 위해 사료그릇을 마구 헤집기 때문에 많은 양의 펠릿을 낭비하게 된다.

■**간식** : 친칠라는 간식을 주면 주는 대로 다 받아먹기 때문에 어느 정도의 양을 급여할지 보호자가 판단을 내려야 한다. 과도한 양의 간식을 섭취하면 금세 과체중이 되기 쉬우므로 애절한 눈빛으로 간식을 달라고 조르더라도 절대 약해져서는 안 된다. 소금간이 안 된 생 해바라기씨나 말린 과일처럼 건강한 간식만 제공해야 하며, 작은 조각으로 하루에 한 개 또는 두 개로 급여량을 제한한다.
두 눈을 반짝이며 애걸하는 귀여운 친구에게 특별한 먹을거리를 주는 것은 매우 즐거운 일이기 때문에 간식의 양을 제한한다는 것은 생각보다 힘든 일이다. 그러나 간식섭취가 지나치면 비만과 여러 가지 건강문제를 초래하고 수명이 단축될 수 있다. 따라서 보호자가 주의를 기울이지 않는다면, 지나친 애정으로 인해 소중한 친칠라를 죽일 수 있다는 점을 항상 명심하도록 한다.
간식 및 비타민C 보충제로서 말린 과일을 가끔 제공할 수 있다. 친칠라에게 말려서 급여할 수 있는 과일은 크랜베리(Cranberry), 바나나, 베리, 사과, 살구, 무화과, 배 그리고 복숭아 등이다. 무화과, 배, 복숭아는 특히 비타민C가 풍부한 과일이다. 건포도는 친칠라가 가장 좋아하는 간식인데, 참고로 건포도(그리고 포도)가 일부 반려동물에게 독이 된다는 연구결과가 보고된 적이 있다(건포도 7알이 개를 죽일 수도 있다). 물론 친칠라는 개나 고양이와는 다른 동물이고 아직 친칠라에 미치는 영향에 대해서는 연구가 이뤄진 것이 없지만, 친칠라에게 건포도를 주는 것이 안전한지 여부에 대해 100% 확신할 수는 없다. 따라서 건포도 대신 말린 밀 조각과 같은 다른 종류의 간식을 선택해서 안전하게 급여하는 것을 권장하며, 건포도를 급여하고 싶다면 급여량을 최소한으로 제한하도록 한다.
어떤 과일이든 설탕 함량이 매우 높기 때문에 말린 과일을 제공할 때는 매일 또는 이틀에 한 번 작은 조각으로 제한해야 한다. 시판되는 말린 과일 제품은 아황산염이 들어 있지는 않은지 확인해야 하는데, 아황산염은 친칠라에게 해롭다. 음식건조기를 구입해서 과일을 직접 말려 제공하는 것도 건강한 방법이다.

■**채소** : 균형 잡힌 양질의 식단을 지키고 있다면 채소를 별도로 급여할 필요는 없다. 양파와 같은 일부 채소는 친칠라에게 해로울 수 있으며, 많은 채소들이 몸속에 과도한 가스 생성을 유발하고 이는 복부 팽만으로 이어질 수 있다. 상추는 설사를 일으킬 수 있고 독소가 있는 아편제(마취작용을 하는 아편 계열의 알칼로이드를 통틀어 가리키는 용어-편집자 주)가 함유돼 있을 수도 있다. 시금치와 비트 꼭지는 요도문제를 일으킬 수 있는 옥살산염을 많이 함유하고 있고, 감자 싹에는 독성물질인 솔라닌이 함유돼 있다. 이외에도 채소는 살충제, 기생충이나 세균(페스트균과 살모넬라균)에 오염돼 있을 수도 있다.

친칠라의 식단에 다른 유형의 먹이를 추가하면 균형이 무너지게 된다. 예를 들어, 양질의 펠릿 사료와 건초로 구성된(균형 잡

간식섭취가 지나치면 비만, 건강문제를 초래하고 수명이 단축될 수 있으므로 급여를 최소화해야 한다.

히고 영양가 있는) 식단을 급여하는데 여기에 다른 먹이를 첨가한다면, 첨가한 먹이가 전체 식단에서 단백질, 탄수화물, 지방, 미네랄, 비타민 그리고 기타 영양소의 균형을 방해하게 된다. 많은 보호자들이 자신의 친칠라가 채소를 좋아한다고 말하는데, 사실 신선한 채소를 좋아하지 않을 이유가 뭐가 있겠는가. 단지 친칠라가 채소를 좋아한다고 해서 그 채소가 친칠라에게 좋다는 의미는 아니다.

친칠라는 모두 예민한 미각을 보유하고 있고 먹는 것을 좋아한다. 문제는 친칠라가 채소를 좋아하는지 여부가 아니라, 다른 종류의 먹거리를 추가했을 때 전반적인 '먹이섭취의 영양적 균형' 을 얼마만큼 방해하느냐는 것이다. 다시 말해, 친칠라에게 현재 영양가 있고 균형 잡힌 양질의 식단을 제공하고 있다면, 굳이 채소를 따로 급여할 필요는 없다는 의미다.

■수분공급 : 야생의 친칠라는 물을 섭취하지 않는 것으로 보인다고 과학자들이 보고한 바 있다. 그들은 또한 야생의 친칠라는 풀, 허브, 수분이 가득한 다육식물을 포함해 24가지 종류의 식물을 섭취한다고 보고했다. 그러나 가정에서 기르는 반려 친칠라는 야생의 친칠라만큼 수분이 함유된 먹이를 다양하게 섭취하지 않기 때문에 생존을 위해서는 반드시 물을 마셔야 한다. 실제로 펠릿과 건초로 구성된 마른 식단을 정기적으로 급여하는 친칠라의 경우, 하루에 30~60ml의 물을 마신다.

수돗물은 거주지에 따라 성분이 다를 수 있다. 염소와 클로라민(국소 소독제) 및 불소와 같은 첨가물, 비소 같은 매우 유해한 다량의 물질이 첨가돼 있을 수 있고, 소량의 박테리아가 포함돼 있을 수도 있다. 정수기 물이나 마트에서 구입한 생수 등 여러분이 마시는 것과 같은 물을 먹이는 것이 가장 좋다. 인간과 마찬가지로 동물도 샘물에 함유돼 있는 천연 미네랄을 필요로 하므로 증류수, 염분 또는 이온을 제거한 물은 제공하지 않도록 한다. 연수 처리된 물을 제공하는 것도 위험한데, 연수제는 나트륨 함량이 너무 높기 때문이다. 시판되는 생수나 정수기 물을 제공하는 것이 친칠라의 건강을 해치지 않는 가장 저렴하고 안전한 방법이다.

항상 신선한 물을 먹을 수 있도록 해줘야 하며, 물병을 이용하면 물을 신선하게 유지할 수 있다. 접시에 물을 담아주는 것은 추천하지 않는다. 접시가 엎어져 물을 쏟을 수 있고 해로운 물질에 물이 오염될 수 있으며, 어린 친칠라의 경우는 접시에 담긴 물에 빠져 익사할 수도 있다. 친칠라의 식단은 펠릿과 건초로 구성돼 있기 때문에 물은 특히 중요하다. 식단이 건조하면 갈증과 수분요구량이 증가하게 된다. 물 섭취량은 친칠라의 건강, 컨디션, 나이와 환경조건에 따라 달라지며, 활동량과 번식주기도 물 섭취량에 많은 영향을 끼친다.

만약 친칠라가 임신을 했거나 새끼에게 수유 중이라면, 수분섭취량이 평소에 비해 2배 이상 증가할 수 있다. 실내온도와 습도도 수분섭취량에 영향을 준다. 따뜻하고 건조한 실내에서 생활하는 동물은 서늘하고 좀 더 습한 환경에서 생활하는 동물보다 더 많은 물을 마실 것이다. 항상 친칠라가 보통 마시는 양보다 많은 양의 물을 제공하도록 한다. 여러 마리의 친칠라를 기르고 있다면 모든 친칠라가 충분히 섭취하고도 남을 정도로 넉넉히 제공해야 한다.

물통의 빨대는 친칠라가 닿을 수 있는 위치에 부착돼 있어야 한다. 빨대가 기능을 제대로 하는지 그리고 이물질이 끼어서 막히지는 않았는지 매일 점검하는 것이 좋다. 물통에 담긴 물의 높이를 면밀히 살펴서 친칠라가 물을 제대로 마시고 있는지 확인해야 한다. 빨대에 베딩 또는 먼지가 끼어 있어서 수분을 제대로 섭취하지 못해 갈증과 탈수로 인해 죽는 경우가 많다.

친칠라가 출산을 했다면 새끼에게도 물통의 빨대에 닿을 수 있도록 해줘야 한다. 어미가 6~8주 동안 수유를 하겠지만, 새끼는

새끼친칠라는 작은 물그릇에 빠져 익사할 수 있으므로 접시에 물을 담아 제공해서는 안 되며, 물병과 빨대만 사용해서 제공하는 것이 좋다.

태어난 지 1주일 정도면 고형식을 먹고 물을 마시기 시작할 것이다. 빨대가 케이지 바닥으로부터 2.5~5cm(새끼가 닿을 수 있는 범위 내) 높이에 올 수 있도록 물병을 달아준다. 이때 너무 낮게 달아서 빨대가 바닥의 베딩에 닿는 일이 없도록 주의해야 한다. 빨대가 바닥에 닿으면 빨대 안에 이물질이 끼어서 막히거나 베딩 위로 물이 흘러내릴 수 있다. 또한, 이물질에 막힌 빨대 속에서 세균이 빠르게 증식해 물을 오염시키는 원인이 되므로 적절한 위치에 달아주는 것이 중요하다.

친칠라가 사용하는 그릇과 물병, 빨대를 세척할 때는 사람의 식기를 세척하는 것과 같은 순한 주방용세제를 사용하고, 세제가 남지 않도록 철저하게 헹궈내야 한다. 약간의 염소 처리된 물에 몇 분 동안 물병과 빨대를 담가 소독하는 것도 좋다. 이때 물병과 빨대를 여러 번 완전하게 헹궈내야 한다. 끓는 물을 이용해서 물병을 헹궈내고 빨대를 담가놓을 수도 있다. 물병과 빨대를 잘 헹궈내고 완전히 식었을 때 시판용 생수를 채워 제공한다.

■**영양보충제** : 매일 영양소가 골고루 들어간 펠릿과 건초를 급여하고 있다면, 여러분의 친칠라는 별도의 영양보충제가 필요 없을 것이다. 그러나 병에서 회복 중

이거나 스트레스를 받고 있는 경우, 임신 또는 새끼에게 수유 중인 경우, 저체중인 경우라면 칼슘보충제인 캘프 만나(Calf Manna)를 소량 제공할 수 있다. 단, 매일 제공하는 양이 1작은술(5ml)을 넘지 않도록 주의해야 한다. 캘프 만나는 시중에서 쉽게 구할 수 있다. 캘프 만나를 사료와 섞어서 제공하는 것은 피해야 하는데, 만약 섞어서 제공할 경우 캘프 만나를 찾기 위해 사료그릇을 헤집기 때문에 펠릿이 낭비된다(친칠라는 사료보다 캘프 만나를 선호한다).

자신의 친칠라가 너무 비만인 것은 아닌지 또는 너무 마른 것은 아닌지 매일 모니터링함으로써 건강한 체중을 유지할 수 있도록 관리해줘야 한다.

■**미네랄 소금블록과 미네랄 스톤** : 모든 친칠라가 사용하는 것은 아니지만, 미네랄 소금블록은 친칠라의 건강에 도움이 될 수 있다. 친칠라에게 제공하는 사료의 재료가 특정 미네랄이 부족한 지역에서 재배된 것이라면, 미네랄 소금블록은 사료에 결핍된 미네랄을 보충해줄 수 있다. 예를 들어, 일부 농토에는 셀레늄함량이 낮으며, 셀레늄결핍은 근육계와 신경계에 문제를 일으킬 수 있다. 이 경우 셀레늄이 함유된 미네랄 소금블록을 보충해줌으로써 셀레늄결핍으로 인해 발생하는 건강문제를 예방할 수도 있다. 친칠라에게 제공해야 하는 미네랄 소금블록의 유형에 대해 더 알고 싶다면, 수의사나 전문가에게 자문을 구하도록 한다.

소금블록은 여러 가지 색깔로 나오는데, 분홍색과 붉은색은 셀레늄(Selenium, 항산화물질)을 함유하고 있고 노란색은 황이 함유돼 있으며, 흰색은 일반소금이다. 어떠한 색깔의 제품이든 친칠라에게 안전한데, 친칠라 브리더들은 보통 붉은색 블록을 선호하는 편이다.

일부 소금블록에는 유충을 죽이는 살충제성분이 포함돼 있는데, 이러한 소금블록은 일반적으로 크기가 크고, 말이나 소처럼 덩치가 큰 가축에게 사용된다. 살충제성분은 친칠라에게 해로우므로 여러분의 친칠라에게 제공하는 소금블록에 살충제성분이 들어 있지 않은지 확인해야 한다. 칼슘이 함유된 미네랄 스톤은 반려동물용품 숍에서 구할 수 있다.

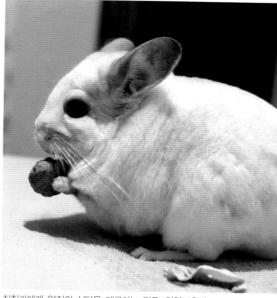

친칠라에게 양질의 식단을 제공하는 경우, 영양보충제를 별도로 챙겨줄 필요는 없다. 간식섭취량을 제한하고 몸에 좋은 간식만 챙겨주도록 한다.

■**해로운 음식** : 감자 눈 또는 초록색 부분에는 솔라닌(Solanine)이라는 독성 성분이 함유돼 있으므로 제공하지 않도록 한다. 또한, 조리됐거나 가공된 식품은 비타민이 부족하거나 식품첨가제 및 방부제가 포함돼 있을 수 있으므로 제공하지 않는 것이 좋다. 카페인과 유사한 물질인 테오브로민(Theobromine, 이뇨작용을 함)이 함유돼 있는 초콜릿이나 사탕도 제공하지 않는다. 어떠한 음식이든 먹여도 안전한지 또는 영양학적으로 도움이 될 만한 것인지 확신이 서지 않는다면 그냥 먹이지 않는 것이 좋다.

식단의 선택과 준비

친칠라는 먹는 것을 정말 좋아하며, 실제로 친칠라에게 식사시간은 하루 중 가장 좋아하는 시간에 속한다. 건강은 건강한 식단으로부터 비롯되기 때문에 자신의 친칠라에게 영양적으로 균형 잡힌 식단을 제공하는 것은 보호자로서 여러분이 해야 할 가장 중요한 일이다. 필수영양소가 골고루 들어간 양질의 식단을 제공하는 것이 친칠라의 수명을 늘리고 아름다운 털을 유지하며, 건강문제를 줄일 수

친칠라가 적정체중을 유지할 수 있도록 관리하는 것이
매우 중요하다. 매주 친칠라의 체중을 체크해서 체중
이 지나치게 불었는지 또는 지나치게 빠졌는지 여부를
확인하도록 하자.

있는(친칠라를 번식할 계획인 경우 생식기능에 대한 문제를 줄이는 것을 포함해서) 최고의 그리고 가장 간단한 방법이다.

이런 이유로 여러분이 찾을 수 있는 가장 품질 좋고 가장 신선한 먹이를 구입하는 것이 매우 중요하다. 보호자는 친칠라에게 양질의 식단을 제공하는 것에 관한 한 절대 꾀를 부려서는 안 된다. 다행히 친칠라에게 영양가 있는 먹이를 구해주는 것은 그리 어렵지도 않고 많은 비용이 들지도 않는 일이다.

친칠라는 대부분의 일반적인 반려동물과 생김새만 다른 것이 아니다. 친칠라의 소화기관은 길고 섬세하며, 특별히 요구되는 특정 영양소가 있다. 대부분의 설치류는 잡식성으로서 살아남기 위해서라면 거의 모든 종류의 먹이를 섭취하는데, 이에 반해 친칠라는 완전초식동물로서 오직 식물성 먹이만 섭취한다. 친칠라에게 요구되는 특정 영양소에 대해 모두 확정하기에는 아직 과학적인 연구가 충분히 이뤄지지 않았지만, 친칠라에게 필요한 기본적인 영양소를 모두 감안한 훌륭한 먹이를 시중에서 쉽게 구할 수 있다. 이러한 먹이는 오랫동안 친칠라 브리더와 친칠라 보호자들에게 매우 효과적으로 사용돼왔다.

훌륭한 영양은 친칠라의 전반적인 건강을 유지하는 데 중요한 역할을 한다. 친칠라가 적절한 영양 또는 균형 잡힌 식단을 제공받지 못하면, 조기사망을 포함해 여러 가지 건강문제로 고통 받을 수 있다. 다행히 보호자는 이 작은 친구의 식단을 완벽하게 통제할 수 있으며, 친칠라에게 필요한 영양소가 골고루 들어가고 균형 잡힌 동시에 맛까지 좋은 먹이를 손쉽게 구해줄 수 있다.

친칠라는 식단 요구에 영향을 미치는 특별한 습성, 해부학적 및 생물학적 특성을 가지고 있으므로 먹이를 선택할 때 이러한 것들을 고려해서 결정해야 한다. 예를 들어, 친칠라의 위장관은 매우 민감하고 길기 때문에 갑자기 식단을 바꾸거나 잘못된 종류의 먹이를 섭취하면 쉽게 탈이

난다. 소화관에 사는 박테리아도 영양소가 흡수되는 방식에 중요한 역할을 한다. 또한, 친칠라의 이빨(앞니와 어금니)은 평생 동안 자라는데, 식단에 포함된 섬유질은 이빨을 마모시키는 데 도움이 되고 일부 치과질환을 예방한다. 좋은 품질의 건초는 이러한 목적을 위한 훌륭하고 필수적인 먹이이며, 먹이를 소화시키는 데 필요한 식이섬유를 제공한다. 친칠라는 자신의 배설물을 먹는 식분(食糞, coprophagy)행위를 하는데, 이는 지극히 정상적인 행동이므로 놀랄 필요는 없다. 이때 섭취하는 대변은 맹장변(cecotropes)[2]이며, 비타민B와 비타민K, 일부 미네랄을 포함해 필요 영양소를 재활용하는 방법으로서 생산된 특별한 유형의 대변이다.

인간, 영장류, 기니피그와 일부 과일박쥐(Fruit bats)를 제외하고, 모든 포유류는 체내에서 비타민C를 합성해낼 수 있기 때문에 식단에 별도로 비타민C를 포함시킬 필요가 없다. 비타민C는 수용성 비타민으로서 매일 소변을 통해 몸 밖으로 배출된다. 친칠라에게 필요한 특정 영양소가 모두 밝혀지지는 않았지만, 기니피그의 경우는 식단에 비타민C를 필요로 하고, 잇몸과 구강질환을 앓고 있는 친칠라에게는 식단에 비타민C를 추가하면 증상완화에 도움을 줄 수 있다는 것이 알려져 있다(친칠라와 기니피그는 먼 친척뻘이다). 따라서 안전하게 준비하는 것이 좋겠다. 비타민C가 함유된 신선한 먹이를 구입하고, 가끔 비타민C가 풍부한 과일을 작게 잘라서 간식으로 제공하는 것도 좋다.

---

2) 약간 무르고 포도송이처럼 생긴 대변을 맹장변이라고 일컫는다. 친칠라는 먹이를 통해 영양소를 완벽하게 흡수하지 못했을 때 맹장변을 통해 배출하고 그것을 다시 먹음으로써 미처 흡수하지 못한 영양분을 섭취하게 되는 것이다.

먹이급여량

대부분의 사료제조업체에서는 친칠라용 펠릿 사료를 매일 1~2큰술(15~30g) 정도 급여하도록 권고하고 있다. 그러나 실질적으로 이와 같은 권고량만으로는 충분하지 않을 수 있으며, 친칠라의 성장상태 및 건강상태에 따라 요구되는 사료의 양은 달라질 수 있다. 최소한 하루에 2큰술(30g) 이상 급여해야 하며, 특히 덩치가 크거나 특별히 활동적이거나 임신 또는 수유 중이거나 질병으로부터 회복 중이라면, 더 많은 양의 사료를 필요로 한다. 친칠라는 일반적으로 과식을 하는 성향은 아니기 때문에 비만을 이유로 사료급여량을 엄격하게 제한할 필요는 없다(과도한 간식섭취로 인해 비만이 되는 경우가 대부분이다). 따라서 자신의 친칠라에 맞게 매일 충분한 양의 사료를 급여하고, 혹시 양이 부족하지는 않은지 항상 세심하게 살펴야 한다.

일부 보호자들은 정해진 시간에 사료를 급여하는 계획급식을 선호하기도 하는데, 친칠라에 있어서는 먹고 싶을 때 자유롭게 먹을 수 있도록 자유급식(free choice)을 하고, 정해진 시간에 간단하게 간식을 주는 것이 더 좋다. 만약 계획급식을 하고 싶다면, 규칙적인 식사일정을 지키는 것이 먹이의 종류와 급여량만큼이나 중요하다는 사실을 명심해야 한다. 친칠라는 지정된 시간이 되면 사료를 먹을 수 있을 것이라 기대하기 때문에 식사시간의 변경은 친칠라의 소화기관에 문제를 일으킬 수 있다. 계획급식을 하는 경우는 적어도 하루에 두 번, 끼니 당 최소한 15g 이상의 사료를 급여해야 하며, 부족한 것으로 보이면 급여량을 늘려야 한다.

신선한 사료를 친칠라가 원할 때 언제든지 먹을 수 있도록 자유급식을 하고(다음 끼니 때까지 약간 남을 정도), 사료를 새로 채워주기 전에 전날 남긴 사료는 버리는 것이 가장 쉽고 안전하며 권장되는 먹이급여방식이다. 이렇게 하면 친칠라가 배를 곯는 것을 막을 수 있고, 오래된 먹이가 쌓이고 곰팡이가 피는 것을 방지할 수도 있다.

실험실 친칠라의 먹이급여

실험실의 친칠라는 시중에서 쉽게 구입할 수 있는 친칠라용 펠릿을 매일 최대 250g씩 제공받는다. 과일, 채소 또는 간식은 제공받지 않는다. 상상해보면 끔찍한 일이지만, 대부분의 연구소에서는 실험용 친칠라가 죽으면 사인 또는 무언가 다른 문제가 있는지 밝히기 위해서 친칠라를 해부해야 하며, 해부 결과 죽은 친칠라에게서 영양학적 문제가 발견되면 이를 기록해야 한다. 흥미롭게도 실험실 친칠라는 보충제 없이 펠릿 사료만 섭취했음에도 별다른 건강상의 문제 없이 잘 자란다. 물론 이 말이 여러분이 애지중지하는 친칠라에게도 이와 같은 식단을 제공하라는 의미는 아니다. 그러나 펠릿 사료만을 섭취해도 건강하게 자라는 실험실 친칠라를 통해 시중에 판매되는 친칠라 먹이가 기본적인 영양을 잘 충족시키고 있다는 사실을 알 수 있다.

균형 잡힌 식단을 제공하고 간식섭취량을 제한함으로써 비만을 예방하면 더 오래 더 건강하게 살 것이다.

먹이급여 시 주의사항

친칠라에게 제공되는 먹이는 신선해야 한다. 반려동물용품 숍에 가보면 때때로 동물사료를 가게 앞쪽 창문가에 전시해놓은 것을 볼 수 있는데, 이 경우 사료는 열을 받고 영양적 가치가 손실될 수 있다. 따라서 서늘하고 그늘진 곳에 보관된 신선한 사료를 구입하는 것이 좋다. 사료 포장지에 표기된 제조일자를 살펴서 유통기한이 언제까지인지 꼼꼼하게 확인하도록 한다.

사료가 오래되면 사료 속에 함유된 비타민, 특히 비타민C의 효능이 사라져 섭취한 효과가 없게 된다. 일단 포장을 개봉하면 사료는 대기에 노출돼 비타민의 효능이 사라지기 시작한다. 특히 비타민C의 경우, 그 효능이 매우 빠른 속도로 상실되는데, 실제로 사료에 포함된 비타민C 효능의 50%가 제조일로부터 6주 이내에 사라진다. 친칠라의 건강을 위해 오래된 사료는 곧바로 폐기하는 것이 좋다. 또한, 표기된 유효기한이 6주 이내인 사료는 구입하지 않도록 한다. 친칠라가 한 달 동안 먹을 분량만 구입하는 것이 좋으며, 소량 구입하면 장시간 보관으로 인해 사료가 상하는 것에 대해 걱정할 필요 없이 신선하게 급여할 수 있다.

친칠라의 건강식단

먹이	급여량	장점	단점
펠릿 사료	항상 이용할 수 있도록 자유급식을 권장하며, 계획급식인 경우 적어도 하루에 두 번 급여하되 매 끼니 당 최소 1큰술(15g) 이상의 양을 제공한다. 성장기인 경우, 임신 및 수유 중인 경우, 스트레스를 받은 경우, 쇠약한 상태인 경우라면 급여량을 늘려 제공한다.	급여하기 편리하고 영양학적으로 균형 잡혀 있다.	제조사, 재료 그리고 재료의 원산지에 따라 품질이 천차만별이다.
건초(묶음 또는 큐브)	항상 이용할 수 있도록 자유급식을 한다(반드시 신선해야 한다).	이빨을 마모시키는 데 도움이 되고 섬유질을 제공하며, 친칠라에게 좋은 놀거리가 된다	야생 설치류나 곰팡이 때문에 병을 일으키는 세균에 오염되기 쉽고, 이로 인해 알레르기, 폐렴 또는 감염을 일으킬 수 있다. 주변이 지저분해진다.
간식	하루에 말린 과일 한 조각(아주 작은 것), 소금간을 전혀 하지 않은 생 해바라기 씨앗 하나	비타민C 섭취의 선택적 공급원	간식을 지나치게 많이 섭취할 경우 비만과 건강문제를 유발할 수 있다.
곡물	작은 조각	섬유질을 제공하고 설사를 예방하는 데 도움이 될 수 있다.	탈수가 일어날 수 있다.

새로 구입한 사료에 오래된 사료를 섞는 것은 바람직하지 않으며, 사료가 오래된 경우 아깝더라도 버리는 것이 좋다. 오래된 사료는 영양적 가치가 없고, 먹이에 함유된 비타민의 효능도 사라진다. 오래된 사료와 신선한 사료를 섞어 보관하면, 오래 보관된 사료가 어느 정도의 양인지 또는 사료의 저장기간이 얼마나 지났는지 정확히 알 수 없으며, 결국 친칠라에게 상한 사료를 급여하게 될 수도 있다.

보관통 바닥에 남은 펠릿 부스러기는 버리는 것이 좋다. 오래돼 영양학적 가치가 없고 곰팡이가 생겼을 수도 있다. 먹이의 신선도를 높이기 위해 당장 사용하지 않을 먹이를 냉동 보관할 수 있지만, 친칠라에게 신선한 먹이를 급여하는 가장 확실한 방법은 소량으로 자주 구입하는 것이다. 사료를 보관할 때는 밀폐용기에 담아서 서늘하고 어두우며, 건조하고 깨끗하고 통풍이 잘 되는 곳에 둬야 한다.

먹이와 친칠라의 건강

친칠라에게 먹이를 올바르게 제공하는 가장 좋은 방법은, 친칠라를 분양받은 브리더에게 확인해서(브리더를 통해 분양받은 경우) 그 브리더가 이전에 제공한 것과 같은 먹이를 주는 것이다. 친칠라 브리더는 상대적으로 친칠라에 대한 지식이 풍부하고 주변에서 구할 수 있는 양질의 친칠라 먹이를 추천해줄 수도 있다.

친칠라를 면밀하게 관찰하면, 여러분이 제공하는 식단이 친칠라의 요구사항을 얼마나 잘 충족시키는지 알 수 있을 것이다. 여러분의 친칠라가 매우 건강하고 너무 뚱뚱하지도 마르지도 않고, 똑똑하고 재빠르며 식욕이 좋고, 털에서 윤기가 흐르고 잘 놀며 정상적인 배변을 한다면, 올바르게 먹이를 급여하고 있다고 생각해도 좋다. 대변은 친칠라의 건강상태를 보여주는 매우 중요한 지표다.

매일 친칠라의 몸무게를 확인해 어떤 녀석은 과체중이고 어떤 녀석은 저체중인 상황이 생기지 않도록 관리해야 한다. 만약 이런 상황이 생긴다면 해당 친칠라들을 격리시켜야 할 수도 있으며, 이렇게 해서 각 개체의 먹이섭취량과 수분섭취량을 조절해 건강상의 문제가 생기지 않도록 할 수 있다. 친칠라의 체중이 적절하게 유지되고 있는지 알 수 있는 가장 좋은 방법은 매주 체중을 체크하는 것이다. 적정체중을 유지하는 것은 중요하므로 작은 저울을 사서 매주 친칠라의 체중을 확인하도록 한다. 그냥 육안으로 확인하고 친칠라의 몸무게가 적당하다고 생각해서는 안 된다. 친칠라를 덮고 있는 털이 실제 모습보다 더 크게 보이게 하므로 손으로 직접 잡아보고(부드럽게) 확인하는 것이 좋다.

만약 두 마리 이상의 친칠라를 기르고 있다면, 모든 친칠라가 충분히 먹을 수 있는 양의 먹이를 급여해야 한다. 어떤 친칠라는 먹이욕심이 많은 경우도 있고, 어떤 녀석은 다른 녀석들보다 먹이를 빨리 먹는다. 어떤 녀석은 더 많이 먹을 것이고 어떤 녀석은 버리는 것이 더 많을 것이다. 항상 먹이가 떨어지지 않도록 급여함으로써 특정 개체가 배를 곯는 일이 생기지 않도록 주의를 기울여야 한다.

건강식단 가이드

다음의 몇 가지 기본적인 지침을 충실히 이행하면 친칠라에게 영양소가 골고루 들어간 건강한 식단을 제공할 수 있다.
1. 양질의 친칠라용 펠릿 사료를 구입해 급여한다.
2. 신선한 건초를 항상 먹을 수 있도록 급여한다.
3. 하루 간식섭취량을 제한하도록 한다.
4. 당분이나 지방을 많이 함유한 것, 끈적끈적한 음식과 사탕 등 친칠라에게 적합하지 않은 음식은 급여하지 않도록 한다.

핸들링, 길들이기와 훈련

핸들링

여러분의 친칠라가 사람에게 안기는 것을 좋아하는 성격이라면 보호자 입장에서는 매우 기쁜 일이다. 이런 성격의 친칠라는 보호자가 케이지 쪽으로 다가가면, 재빨리 보호자를 향해 달려올 것이다. 이런 녀석은 잡기도 쉽고 핸들링하기도 쉽다. 두 손을 국자처럼 사용해서 조심스럽고 부드럽게 들어올리기만 하면 된다. 이때 친칠라가 몸부림치거나 떨어지지 않도록 주의해야 한다.

새끼친칠라의 경우 제대로 안는 방법은, 두 손을 컵처럼 모으고 새끼친칠라의 엉덩이 아래쪽을 들어 올려 손바닥 안으로 들어가게 한다. 이때 너무 꽉 움켜쥐지 않도록 주의해서 단단하게 손을 모은다. 배 부분을 엄지와 다른 손가락으로 부드럽게 집으면서 한 손으로 잡을 수도 있다. 이때 자칫 잘못하면 폐의 여린 조직을 손상시킬 수 있으므로 가슴 부위를 너무 꽉 쥐지 않도록 조심해야 한다. 손에서 떨어지는 것을 막기 위해 친칠라를 잡은 두 손을 여러분의 가슴 쪽으로 붙인다.

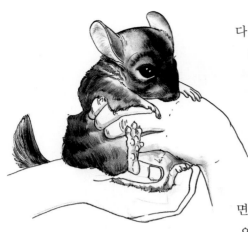

임신한 친칠라는 두 손으로 조심스럽게 잡아야 하며, 한 손은 엉덩이를 받치는 데 사용해야 한다.

다 자란 친칠라는 꼬리의 기저 부분(몸 쪽에 가장 가까운 부분)을 잡고 친칠라가 여러분의 팔뚝에 몸을 기댈 수 있게 해서 쥐거나 억제할 수 있다. 팔 위에서 친칠라가 갑자기 놀라 떨어지거나 뛰어내리려고 할 경우를 대비해 항상 꼬리를 잡고 있어야 한다. 친칠라를 옮기거나 재빨리 자세를 다시 잡아줄 때 꼬리를 올리면 된다. 이런 경우에도 반드시 꼬리 끝이 아닌 몸 쪽에 가장 가까운 부분만 잡아야 한다. 꼬리 끝을 붙잡거나 움켜잡으면 꼬리가 떨어져 나가거나 부러질 수 있다. 이는 친칠라가 포식자로부터 벗어나 도망칠 수 있도록 해주는 일종의 방어기제인데, 안타깝게도 이 과정에서 꼬리가 떨어져 나가고 그 꼬리는 다시 자라지 않는다.

임신한 친칠라는 배를 꽉 움켜쥐거나 압력을 가하지 않도록 극도의 주의를 기울여 부드럽게 들어 잡아야 한다. 가장 이상적인 방법은, 임신한 친칠라의 무거운 몸을 지탱하고 발버둥치는 것을 막기 위해 두 손을 컵 모양으로 만들어 들어 올리는 것이다. 가슴이나 복부에 압박을 가해서는 절대 안 된다. 임신한 친칠라를 잡는 또 다른 방법은, 한 손으로 조심스럽게 친칠라를 움켜잡고 나머지 손으로 엉덩이를 받치는 것이다. 이 방법은 친칠라의 방어기제 중 하나인 '털 빠짐' 현상이 일어날 수도 있으므로 매우 조심스럽게 진행해야 한다.

친칠라가 발버둥을 쳐서 잡고 있기가 어렵다면, 멈출 때까지 부드럽고 조용한 목소리로 말을 걸어준다. 약간의 간식을 이용해 주의를 돌려 진정시킬 수도 있다. 친칠라는 종종 맛있는 간식에 정신을 빼앗겨 안정을 되찾기도 한다. 친칠라를 진정시키기 위해 어떤 방법을 사용하든, 바닥에 떨어뜨리지 않도록 조심하는 것이 중요하다. 친칠라는 바닥으로 떨어지면 거의 항상 심각한 부상을 입으며, 심지어 별로 높지 않은 곳에서 떨어졌을 때도 골절상(다리, 발, 허리)을 입을 수 있다.

길들이기와 훈련

친칠라는 시간을 두고 훈련을 통해 길들일 수 있다. 친칠라는 먹잇감이 되는 동물종이며, 핸들링을 포식자에게 포획되는 것과 연관시킨다. 따라서 길들이기 위한 훈련을 할 때는 점진적으로 부드럽게 시도해야 하며, 절대 위협을 느끼지 않도록 긍정적인 경험(맛있는 간식 등)과 연관시킬 수 있게 해줘야 한다. 처음에는 붙잡힌다는 것과 여러분을 연관 짓지 않도록 절대 친칠라를 잡으려고 시도해서는 안 되며, 그냥 간식을 주고 내버려둬야 한다. 겁에 질린 친칠라는 뒷다리로 서서 잠재적인 위협에 대해 소변을 뿌리므로 조심하는 것이 좋다.

■**안는 것에 익숙해지게 하는 법** : 우선 친칠라가 여러분의 존재와 좋은 경험을 연관시킬 수 있도록 친칠라가 좋아하는 간식을 손바닥에 올려놓고 가만히 기다린다. 친칠라가 손에 있는 간식을 가져가는 것에 주저함이 없다면 부드럽고 짧게 등(또는 턱)을 쓰다듬어준다. 그런 다음 쓰다듬는 것을 멈추고 즉시 간식으로 보상한다. 친칠라는 여러분의 손이 '좋은 것(간식)'이라는 사실을 인지하게 될 것이다. 이 과정을 여러 번 반복하면서 쓰다듬어 주는 시간을 점진적으로 늘린다.

다음은 들어 올릴 때 취하는 것과 마찬가지로 한 손은 엉덩이를 받치고 다른 한 손은 가슴에 대고 부드럽게 컵 모양을 만든다. 이때 친칠라가 가만히 있다면 손을 떼고 간식으로 보상한다. 친칠라가 완전히 편안해하고 이를 즐길 때까지 이 과정을 여러 번 반복한다. 그런 다음 손으로 엉덩이와 가슴 아래를 받치고 있는 상태에서 조심스럽게 들어 올린다. 친칠라를 다시 내려놓고 간식으로 보상한다. 이때 너무 꽉 잡으면 친칠라에게 공포심을 심어줌으로써 공격적인 행동을 유발할 수 있으므로 주의해야 한다.

길들이기 위한 훈련을 할 때는 점진적으로 부드럽게 시도해야 하며, 절대 위협을 느끼지 않도록 긍정적인 경험(맛있는 간식 등)과 연관시킬 수 있게 해줘야 한다.

■**팔 위로 올라오게 하는 법** : 역시 손바닥에 크기가 작은(그리고 건강한) 간식을 올려놓는 것으로 시작한다. 일단 친칠라가 손에 있는 간식을 가져가는 것에 주저함이 없다면 간식을 손바닥에서 손목 쪽으로 좀 더 올려놓는다. 친칠라가 간식을 가져가기 위해서는 여러분의 손바닥 위를 걸어가게끔 하는 것이다. 친칠라가 손 위로 올라가는 것에 자신감이 생길 때까지 이 과정을 여러 번 반복한다. 다음은 간식을 팔뚝으로 옮겨서 친칠라가 간식을 취하기 위해서는 팔 위쪽으로 완전히 올라가야 하게끔 만든다. 친칠라가 팔 위로 올라가는 것에 자신감이 생길 때까지 이 과정을 여러 번 반복한다.

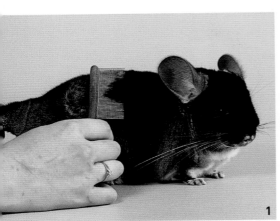

친칠라가 팔 위에 있는 동안, 다른 손을 엉덩이에 부드럽게 놓은 다음 즉시 손을 떼고 보상한다. 이렇게 하면 들어 올릴 때 다른 손으로 몸을 지지하는 것에 익숙해질 것이다. 이 과정을 여러 번 반복한다. 친칠라가 팔에 있을 때 다른 한 손은 등/엉덩이에 놓은 채 천천히 약간만 위로 들어 올린다. 그런 다음 다시 내려놓고 간식으로 보상한다. 친칠라를 들어 올리는 시간을 점차적으로 늘린다.

그루밍

친칠라의 털을 최상의 상태로 유지하고 관리하는 것은 쉬운 일이다. 일주일에 최소한 한 번 또는 두 번 모래목욕을 할 수 있도록 해주고, 일주일에 한 번 빗질을 해서 빠진 털을 제거해주면 된다. 반려동물용품점에서 친칠

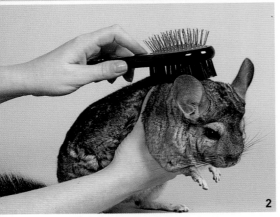

1. 촘촘한 참빗은 털을 분리하고 더욱 볼륨감 있게 만든다. 친칠라를 잡고 빗질을 할 때는 털에 손상이 가지 않도록 부드럽게 다뤄야 한다. 2. 부드러운 브러시를 사용해 털이 풍성하게 보이도록 부풀린다.

라용 빗을 구입할 수 있다. 벼룩제거용 참빗과 같이 빗살이 촘촘한 빗을 구입해, 빗살의 간격이 넓고 가는 토끼용 빗 그리고 부드러운 브러시와 병행해서 사용할 수 있다. 털의 결과 반대방향으로 부드럽게 빗어주면 털이 분리되면서 풍성함이 살아난다. 마무리로 작은 가위를 이용해 털끝을 살짝 다듬어주면 된다.

털이 옅은 색이거나 모래목욕만으로는 제거하기 어려운 얼룩이 있는 경우, 물로 목욕을 시키는 보호자들도 있는데, 일반적으로 물목욕은 시키지 않아도 된다. 대부분의 친칠라는 몸이 물에 젖는 것을 싫어하고, 목욕을 시키면 털이 죽어서 가라앉고 풍성한 맛이 사라진다. 또한, 털이 빽빽해 물기를 완전히 말리는 것이 쉽지 않다. 부득이하게 목욕을 시켜야 하는 상황이라면, 위 표의 지침을 따르도록 한다. 친칠라의 청결을 유지하기 위한 가장 효과적이고 자연스러운 방법은 모래목욕이라는 것을 기억하도록 하자. 목욕용 모래는 사용기간이 길고 종종 재사용이 가능하기도 한데, 모래가 오염됐을 경우는 즉시 버려야 한다.

합사(소개)

친칠라 한 마리를 이미 기르고 있고 다른 한 마리를 추가로 입양할 예정인 경우, 두 마리가 평화롭게 잘 지낼 수 있도록 하기 위해서는 서로에게 익숙해질 시간을 충분히 갖게 한 후 합사를 진행하는 것이 좋다. 우선 새로운 친칠라를 위한 별도의 케이지를 준비해 기존의 케이지에서 10cm 정도 떨어진 곳에 나란히 놓는다.

한 마리를 기르고 있고 새로운 친칠라를 들일 예정인 경우, 서로에게 익숙해질 시간을 충분히 갖게 한 후 합사를 진행해야 두 마리가 평화롭게 공존할 수 있다.

이렇게 간격을 두고 두 개의 케이지를 나란히 놓으면, 각각 자신의 케이지에서 물리적 접촉없이 서로의 냄새를 맡을 수 있게 된다. 친칠라들이 탈출할 곳이 있다고 느끼게 해주기 위해 케이지 반대편 끝 쪽에 은신처를 배치한다. 또한, 각 친칠라에게 모래목욕통을 제공하고, 매일 서로의 것을 바꿔줌으로써 동료의 냄새에 익숙해지게 만든다(110쪽 표 '모래목욕 시 화학적 신호의 의미' 참고).

두 마리가 서로 근접한 거리에서 잘 때까지 약 1주일 정도 지난 후, 케이지 간의 간격을 좀 더 좁히고 은신처의 위치를 상대의 케이지 쪽에 더 가깝게 옮긴다. 합사는 천천히 진행하는 것이 중요하다는 점을 잊지 않도록 한다. 두 마리가 아무런 문제없이 행복하게 지내는 것처럼 보이면, 기존의 친칠라를 새로운 친칠라의 케이지에 합사한다. 서로 곧바로 좋아할 수도 있고 합사하자마자 다툼이 있을 수도 있는데, 만약 상황이 심각해 보인다면 며칠 더 격리해놓도록 한다. 그러나 결국에는 진정이 돼야 한다. 보통 이성의 동물을 소개하거나(먼저 수컷을 중성화시켜야 한다) 어른 친칠라에게 어린 친칠라를 소개하는 것이 더 쉬운 편이다.

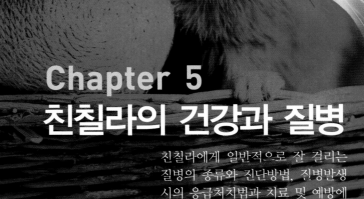

Chapter 5
친칠라의 건강과 질병

친칠라에게 일반적으로 잘 걸리는
질병의 종류와 진단방법, 질병발생
시의 응급처치법과 치료 및 예방에
대해 알아본다.

Section 01

질병의 징후와 예방

'친칠라 관리의 필수요건'과 이 책에서 소개하는 먹이급여, 주거환경, 기본적인 관리에 관한 가이드라인만 잘 따르면 친칠라의 건강을 유지하는 데 큰 문제는 없을 것이다. 이번 섹션에서는 친칠라가 아플 때 나타나는 징후와 질병을 예방하기 위해 보호자가 평소 해야 할 일에 대해 살펴보도록 한다.

친칠라의 건강이상 징후

친칠라가 다음의 행동을 보이면 어딘가 문제가 생긴 것이다. 우선 평상시와 다르거나 비정상적인 대변을 배설하고 설사 또는 변비에 시달린다. 무기력하고 행동이 느리며, 털에 윤기가 없어 푸석푸석하고 군데군데 탈모의 흔적이 보인다. 웅크리고 있거나 비정상적인 자세로 누워 있으며, 먹이를 먹지 않고 물을 마시지 않는다. 침을 흘리고 숨을 헐떡이며, 입과 피부 또는 항문에서 악취가 난다. 모래 목욕을 하지 않고 놀지 않으며, 보호자나 주변 환경에 호기심과 흥미를 보이지 않는다. 이와 같은 증상이 나타나면 동물병원을 방문해 진단을 받도록 한다.

친칠라의 건강진단

질병의 징후와 증상은 동일하게 나타나는 경우라도 그 원인은 다를 수 있기 때문에 친칠라의 건강문제를 진단하는 것은 어려운 일이다. 예를 들어, 친칠라가 설사를 한다면 이를 인지하는 것은 쉽지만, 설사의 원인이 잘못된 종류의 음식, 장내 기생충, 감염 또는 스트레스일 경우에도 모두 똑같이 보일 수 있다. 증상을 치료할 수는 있지만 제대로 된 치료법을 찾기 위해서는 문제의 원인을 파악해야 하므로 친칠라가 이상증상을 보이면 수의사에게 정확한 진단을 받아야 한다.

친칠라의 건강을 운에 맡겨서는 안 된다. 반려동물 관련 서적, 잡지 그리고 인터넷 검색을 통해 친칠라 질병에 대한 많은 민간요법을 발견할 수 있는데, 이를 전적으로 신뢰해서는 안 된다. 어떤 치료법은 효과가 있지만 효과가 전혀 없는 것도 있고, 어떤 치료법은 안전하지만 어떤 것은 위험하다. 병을 더욱 악화시키거나 심지어 사망에 이르게 하는 치료법도 있을 수 있으므로 각별히 주의해야 한다. 친칠라에게 특정 종류의 약을 투여하거나 치료법을 시도하기 전에 반드시 수의사에게 조언을 구하는 것이 안전하다는 점을 명심하자.

오늘날 우리는 과거에 비해 친칠라에 대해 많은 정보를 알고 있다. 많은 사람들이 친칠라를 반려동물로 기르면서 친칠라에 관한 관심과 지식은 계속 늘어나고 있다. 수십 년 전에 모피를 얻기 위해 친칠라를 사육했던 농장주들은 큰 무리의 친칠라를 기를 때 알아야 할 정보를 많이 남겼다. 큰 무리의 친칠라를 기를 때 발생하는 건강문제의 일부와 친칠라가 받았던 치료의 종류는 식민지의학(Colonial Medicine)에 근거한 것이었다. 모피 농장주들의 관심사는 친칠라들이 건강하게 오래 사는 것이 아니라 모피를 얻을 수 있을 때까지만 살 수 있도록 하는 것이고, 수백 마리 때로는 수천 마리의 친칠라를 치료해야 했다.

비정상적인 대변, 무기력함, 식욕부진, 탈수, 웅크린 자세, 나쁜 털 상태, 호흡곤란, 악취 그리고 침을 흘리는 것 등은 아픈 친칠라에게서 나타나는 중요한 신호다.

친칠라의 건강상태 파악하기		
	건강할 때	아플 때
외형	눈이 맑고 깨끗하다. 털이 풍성하고 윤기가 흐르며 부드럽다. 몸이 단단하고 튼튼하다. 크기에 맞는 정상체중	눈이 흐릿하고 생기가 없다. 털에 윤기가 없고 푸석푸석하며, 탈모 반점이 있다. 몸이 축축하고 체중이 빠진다. 설사나 변비가 보인다.
행동	민첩하고 식욕이 왕성하며, 물을 잘 마신다. 여러 가지 소리를 내고 사교성이 있으며, 친구들과 잘 어울려 논다. 주위 환경에 흥미를 보인다. 정상적으로 대소변활동을 한다.	무기력하고 우울해 보인다. 잘 먹지도 마시지도 않는다. 소리를 잘 내지 않는다. 비정상적인 배변(설사, 변비 등)을 보이며, 구토를 하거나 침을 흘린다. 앉아 있거나 누워 있을 때 자세가 비정상적이다. 바닥을 데굴데굴 구른다(고통을 느끼는 경우).

다행히 반려 친칠라는 과거와는 다른 환경에서 다른 목적으로 길러지고 있다. 따라서 반려 친칠라에 대한 올바른 치료법은, 50년 전 모피농장에서 대규모로 사육되던 친칠라들이 받았던 치료법과 같지 않을 수도 있다는 것은 지극히 당연한 일이다. 심지어 여러분의 친칠라가 과거 농장에서 대량으로 사육되던 불쌍한 조상들이 겪었던 것과 같은 건강문제를 앓고 있다 할지라도, 여러분의 친칠라의 미래는 더 밝고 건강을 회복할 가능성이 훨씬 높다. 여러분의 친칠라는 양질의 수의치료, 현대의학 및 개별화된 보살핌의 혜택을 누릴 수 있기 때문이다.

여러분의 반려 친칠라는 여러분이 제공할 수 있는 최상의 관리를 받을 자격이 있으므로 오래된 치료법으로 친칠라의 병을 직접 고치겠다는 위험한 생각은 하지 않도록 한다. 어떤 치료법이 가장 안전하고 최상의 것인지 항상 수의사에게 문의하는 것이 바람직하다. 치료법의 안전성이나 건강문제의 원인을 확신할 수 없다면, 민간요법을 시도하느라 귀중한 시간을 허비하지 말고 바로 동물병원을 방문하는 것이 현명한 방법이다. 궁금한 점이나 우려되는 점이 있으면 주저하지 말고 수의사에게 문의하도록 한다.

건강상태가 안 좋은 경우

때로는 보호자가 정성을 다해 친칠라를 보살폈다 해도 아픈 경우가 있을 수 있다. 이때 올바른 치료를 받지 않는다면 병든 친칠라는 빠르게 약해지고 결국 사망으로 이어질 수도 있다. 병에 걸린 친칠라는 자신이 병에 걸렸다는 사실을 숨

맑은 눈, 경계심, 아름다운 털과 정상적인 배변활
동은 모두 친칠라가 건강하다는 신호다.

기기 때문에 친칠라가 병들었다는 사실을 초기에 파악하는 것은 상당히 어렵다. 이는 과거 야생에서 살았던 친칠라의 생존전략 중 하나로, 야생에서 친칠라는 비록 병에 걸렸다 할지라도 건강한 척 행동한다. 포식자에게 '병들고 취약해서 잡아먹기 쉬운 먹잇감'이라는 인상을 주지 않기 위해 자신이 아프다는 사실을 숨기려는 습성이다. 이 말은 보호자가 친칠라에 대해 잘 알고 자세히 관찰하지 않으면, 친칠라가 아프다는 사실을 알아차리는 것이 어렵다는 것을 의미한다.

어딘가 아프다는 사실을 보호자가 알아차릴 때쯤이면 이미 생각보다 훨씬 심각한 상태일 수 있다. 병이 진행되면 건강을 회복하는 것은 매우 어렵다. 친칠라가 좋지 않은 징후를 보인다면 즉시 수의사를 찾도록 해야 하며, 문제에 대한 진단과 치료가 빠르면 빠를수록 회복될 가능성이 높아진다는 점을 잊지 말기 바란다.

아픈 친칠라 간호하기

자신의 친칠라가 아프거나 병이 들었을 경우 보호자는 당황하기 마련이다. 아픈 친칠라의 건강을 회복시키기 위해 보호자가 할 수 있는 안전한 간호에 대해 알아보자. 때로는 친칠라의 생존을 위해 처방약이 필요하기도 하지만, 아픈 친칠라에게 가장 필요한 것은 따뜻하고 애정 어린 간호라는 것을 잊지 말자.

우선 친칠라가 아프다는 것을 알아차렸다면 그 즉시 다른 친칠라와 아픈 친칠라를 격리시키도록 한다. 만약 아픈 친칠라가 전염병에 걸린 경우라면, 이렇게 격리시킴으로써 다른 건강한 친칠라에게 질병이 전염되는 것을 막을 수 있다. 또한, 격리된 아픈 친칠라는 혼란스러움과 스트레스 없이 조용하고 평화롭게 회복할 수 있는 시간을 갖게 된다. 아픈 친칠라를 편안하고 어둡고 조용한 장소에 두는 것이 좋으며, 휴식을 잘 취해야 빨리 회복할 수 있다. 그런 다음 동물병원을 방문해 수의사의 진단을 받도록 한다. 수의사를 통해 정확한 진단을 받는 것이 매우 중요하며, 문제가 무엇인지, 사람이나 다른 동물에게 전염될 가능성이 있는지, 처방약이 효과가 있는지 여부를 알 수 있는 유일한 방법이다.

핸들링과 이동은 아픈 친칠라의 상태를 심각하게 악화시킬 수 있다. 따라서 아픈 친칠라를 병원으로 옮길 때는 가능한 한 부드럽고 조심스럽게 다뤄야 한다. 작은 이동용 케이지에 은신처 또는 터널을 넣어주면 이동 중에 아픈 친칠라가 받을 스트레스를 줄일 수 있다. 시끄러운 소리와 빛은 친칠라

친칠라가 무기력하거나 우울해한다면, 즉시 수의사에게 데려가서 진찰을 받도록 한다. 친칠라가 아픈 경우 민간요법을 사용하느라 시간을 허비하거나 상황을 악화시키는 위험을 감수하지 말고 수의사에게 조언을 구하는 것이 현명하다.

를 놀라게 하고 스트레스를 줄 수 있으므로 이동용 케이지를 크고 어두운 수건으로 덮어서 소음과 빛을 차단하도록 한다. 다른 친칠라들도 항상 주의 깊게 관찰해 병의 징후를 보이는 녀석이 있으면 즉시 나머지 녀석들과 격리시켜야 한다.

아픈 친칠라가 접촉한 케이지, 장난감, 그릇 그리고 물병 등은 철저하게 세척해야 한다. 아픈 친칠라가 접촉한 사료와 베딩은 모두 버리고 케이지를 깨끗이 청소하고 소독하도록 한다. 또한, 사료와 건초에 곰팡이가 피었거나 악취가 나지는 않는지 확인한다. 사료포장지를 확인해 성분이 바뀌었거나 유통기한이 지나지 않았는지도 점검한다. 아픈 친칠라를 만지고 난 후 그리고 다른 친칠라나 사료를 만지기 전에는 손을 깨끗이 씻도록 한다. 일회용 장갑을 착용하고 아픈 친칠라와 건강한 친칠라를 오갈 때 옷을 갈아입도록 하며, 항상 건강한 녀석들을 먼저 살피고 난 다음에 아픈 녀석을 돌보는 것이 좋다. 이러한 모든 예방책들이 전염병의 확산을 막는 데 도움이 될 것이다.

동물병원 방문 전 메모해둘 사항들

- 친칠라의 나이는 몇 살인가.
- 친칠라를 분양받은 곳은 어디이며, 친칠라를 기른 지는 얼마나 됐는가.
- 친칠라에게 문제가 있다는 것을 처음 인식한 것은 언제인가.
- 친칠라가 불편해하거나 고통스러워하거나 또는 호흡곤란 등의 징후가 있었는가.
- 친칠라를 치료하기 위해 지금까지 어떠한 일을 했는가.
- 친칠라가 마지막으로 사료를 먹거나 물을 마신 것이 언제인가.
- 친칠라가 소변이나 대변을 마지막으로 본 것이 언제인가.
- 대변의 크기, 모양, 색깔, 농도는 어떠한가(설사, 변비 또는 혈변을 보지는 않았는가).
- 친칠라가 침을 흘리거나 무언가를 씹는 데 어려움이 있는가.
- 집에서 기르고 있는 반려동물의 종류와 수는 어떻게 되는가.
- 아픈 친칠라와 한 케이지에 합사된 친칠라는 몇 마리인가(최근에 들인 친칠라가 있는가).
- 특별한 간식 또는 최근에 변화된 식단을 포함해 급여하는 먹이의 유형과 양은 어떻게 되는가.
- 환경조건(온도와 습도)은 어떠한가. 최근에 생활환경과 케이지 청소 주기에 변화가 있었는가.
- 병든 동물, 독초, 독성물질, 외풍, 열 등에 노출될 가능성이 있는가.
- 친칠라가 임신 중이라면, 이전에 임신한 경험 유무 또는 발생했던 문제는 어떤 것이 있는가.

이외에도 병의 원인을 진단하고 치료법을 처방하는 데 도움이 될 것으로 생각되는 것이 있다면 무엇이든지 메모해서 수의사에게 제공하도록 한다.

나중을 생각해 수의사에게 물어보고 싶은 모든 항목들을 미리 정리해두는 것이 좋다. 친칠라가 아플 경우 동물병원에 데리고 가기 위해 급하게 서두르다 보면, 막상 병원에 도착했을 때 정신이 없어 반드시 물어봐야 하는 질문을 잊어버리기 쉽다. 지금 목록을 만들어놓으면 응급상황에 대처하는 데 많은 도움이 될 것이다. 수의사는 보호자에게 여러 가지 질문을 하고 보호자의 대답을 근거로 진단과 치료방법에 대한 처방을 내릴 것이다.

보호자는 자신의 친칠라의 대변인이 된다. 자신의 친칠라에 대해 더 많이 알고 정보를 많이 가지고 있을수록 대변인 역할을 잘 해낼 수 있다. 수의사의 질문에 대해 전부 대답하지 못할까봐 걱정할 필요는 없다. 수의사의 질문에 모두 척척 대답하는 사람은 없다. 그러나 여러분이 제공하는 정보 하나하나가 모여 수의사가 진단과 처방을 내리는 데 큰 도움이 된다는 것을 기억하자. 동물병원을 방문하기 전에, 위의 표에 기술된 정보를 포함해 필요한 내용들을 미리 작성해두도록 한다. 수의사가 직접 처방하지 않은 약을 친칠라에게 투여해서는 안 되며, 약을 먹일 때는 반드시 수의사와 상의한 후 처방을 받는 것이 바람직하다.

친칠라의 질병과 예방

건강관리를 하는 데 있어서 가장 중요한 것은 예방이다. 병이 생기거나 다쳐서 치료를 하는 것보다 미리 예방하는 것이 훨씬 쉽다. 친칠라를 최상의 환경에서 관리해준다면 수명을 평균 10년에서 최대 20년까지 두 배로 늘릴 수도 있다.

친칠라의 건강을 유지하기 위해서는 균형 잡히고 영양가 있는 식단, 신선한 식수, 크고 넓고 깨끗한 케이지, 운동용 쳇바퀴, 모래목욕, 뛰어 놀 수 있는 넉넉한 공간, 청결하고 건조하며 외풍이 없는 환경, 편안한 온도와 습도(뜨거운 장소는 피한다), 조용하고 친칠라의 흥미와 호기심을 자극할 수 있는 주거 환경, 은신처, 이빨 건강을 유지하기 위한 이갈이용 장난감, 흥미롭고 안전한 장난감, 다른 반려동물 특히 다른 설치류의 접근이 불가능한 환경, 보호자의 사랑과 관심이 필수적으로 제공돼야 한다. 이러한 사항들에 유념해 정성껏 보살핀다면, 여러분의 친칠라는 더욱 건강하고 행복하게 오래오래 살 수 있을 것이다.

40여 년 전 친칠라 브리더들은, 자신의 대규모 모피농장에서 발생한 친칠라 사망개체의 절반이 소화기관문제로 인해 사망했다고 보고했다. 사망의 25%는 치아의 부정교합으로 인한 것이었다. 오늘날 반려 친칠라가 걸리는 질병의 가장 흔한 원인도 소화기관 이상과 관련이 있다. 친칠라의 소화기관에 이상이 생기는 원인은 올바르지 않은 먹이급여(식단과 영양소 등) 및 관리(케이지의 크기, 베딩, 위생 등)에 있다. 다시 말해, 친칠라에게 잘못된 종류의 식단을 제공하고 케이지 등을 제대로 관리해주지 않는 것이 친칠라가 병에 걸리는 주요 원인이라는 의미다. 다행히 보호자는 친칠라의 식단 및 관리에 관련한 모든 것을 통제하고 조절할 수 있다. 친칠라에게 좋은 식단이 무엇이고 최상의 생활환경이 무엇인지를 보호자가 알고 있을 때, 친칠라의 건강을 유지하는 것은 그만큼 수월해진다.

친칠라에 대한 기본정보	
수명	10~20년
체온 (직장 온도)	35.8~39℃, 암컷이 수컷보다 직장의 온도가 더 높은 경향이 있다.
심박수	분당 100~150회
호흡량	분당 40~80회
몸무게	수컷 : 400~600g, 암컷 : 400~800g 암컷보다 수컷이 약간 더 가벼움

친칠라의 질병과 그 대책

이번 섹션에서는 친칠라에게 흔히 나타날 수 있는 질병에 대해 다룬다. 친칠라에게 이렇게 많은 건강문제가 발생할 수 있다는 사실에 지레 겁먹거나 낙담하지 않기를 바란다. 친칠라는 적절한 보살핌과 영양가 있는 먹이를 제공받을 경우 건강하고 행복하게 살 수 있다. 그러나 무언가 이상이 생기면 친칠라는 매우 취약해지고, 아주 짧은 시간에 건강이 급격하게 악화될 수 있다는 것을 염두에 둬야 한다. 여기에 소개하고 있는 정보를 잘 이용해서 친칠라에게 이상 징후가 처음 나타났을 때 재빨리 알아차리고 즉각적인 응급조치를 취할 수 있도록 하자.

소화기관과 관련된 문제

오늘날 친칠라에게서 가장 흔하게 나타나는 질병은 소화기관과 관련한 문제로 인한 것이기 때문에 제일 먼저 이 부분에 대해 자세히 살펴보고자 한다. 친칠라의 소화관의 길이는 매우 길어서 약 300cm 또는 그 이상이며, 입에서 식도, 위,

소화기관장애는 친칠라가 병에 걸리거나 사망하는 원인 중 가장 흔한 원인이다. 특별히 친칠라용으로 제조된 건강한 식단을 제공하고 신선한 건초를 매일 급여함으로써 이와 같은 문제를 예방할 수 있다.

장과 맹장을 통과해 결장(대장) 그리고 직장으로 이어진다. 소화기능장애는 전염성이 있을 수도 있고 없을 수도 있는데, 전염성의 경우 감염이나 기생충을 통해 한 동물에게서 다른 동물에게로 전염될 수 있다. 다행히 친칠라에게서 나타나는 대부분의 소화기관문제는 비(非)전염성이다. 치아부정교합이나 잘못된 먹이섭취 등은 비전염성 소화기관장애를 일으키는 문제들이다. 클로스트리디움(Clostridium, 클로스트리디움속의 세균), 에쉐리키아(Escherichia, 장내 혐기성 간균의 한 속), 프로테우스(Proteus, 편모로 운동하는 그람음성 간균), 살모넬라 등의 박테리아나 기생충(원생동물 등)으로 인해 발생하는 소화기관의 문제는 전염되거나 감염된다.

친칠라의 소화기관에 문제를 일으킨 원인이 무엇이든지 간에 동일한 증상을 보일 수 있는데, 그렇다 해도 각 증상에 대한 적절한 치료법은 그 원인에 따라 다를 수 있다. 따라서 친칠라의 소화기관에 문제를 일으키는 서로 다른 원인을 알아채는 방법과 치료하는 법을 살펴보고, 무엇보다 중요한 예방법에 대해 자세히 알아보도록 하겠다. 참고로 친칠라는 담낭(쓸개)이 없고 음식물을 게워내지 않는다(해부학적 및 생리학적으로 이와 같은 공통점을 가지고 있는 동물은 쥐와 말 등이 있다-편집자 주).

■**고창증(Bloat, 鼓脹症)** : 고창증은 위장기관 내에 가스가 축적됨으로써 발생되는 대사성 질환이다. 가스와 체액은 내장과 위를 따라 어디로든 축적될 수 있고, 이로 인해 복부가 부풀어 오르고 팽창하게 된다. 고창증에 걸린 친칠라는 마치 풍선처럼 복부가 부풀어 오르고 손으로 만지면 금방 터질 것처럼 팽대해진다. 고창증에 걸리면 극심한 고통에 시달리게 되며, 바닥에 눕거나 옆으로 비스듬하게 뻗거나 몸을 굴리면서 고통을 완화시키려고 한다. 이후 움직이는 것을 꺼려하고, 가스가 복부에 계속 차오르면서 횡격막(橫膈膜, diaphragm)과 폐를 압박해서 호흡이 곤란해진다. 때때로 친칠라의 배에서 '꾸르륵' 하고 가스 차는 소리를 들을 수 있으며, 대변에 작은 거품이나 점액질이 묻어나오기도 한다.

고창증의 원인은 과식, 급격한 식단변화, 잘못된 음식 섭취, 푸른 채소와 과일의 과도한 섭취, 가스를 발생시키는 식품 섭취, 감염과 위장기관장애 등이 있다. 만약 어린 새끼들을 양육 중인 어미가 있다면 세심하게 주의를 기울여야 한다. 고창증은 출산 후 2~3주가 지난, 모유수유 중인 어미 친칠라에게서 흔히 나타난다 (가끔 출산을 마친 어미에게서 뒷다리마비증세가 나타나기도 하는데, 이는 모유수유로 인한 혈중칼슘수치의 하락 때문에 나타나는 증상이다).

고창증은 생명을 위협하는 응급상황으로서 매우 고통스럽고, 즉시 치료하지 않으면 빠르게 사망으로 이어질 수 있으므로 절대 머뭇거려서는 안 된다. 고창증 증세를 보이면 즉시 동물병원을 방문하도록 한다. 치료를 위해서는 복부의 압력을 낮춰줘야 하며, 칼슘(글루콘산칼슘제를 주입하는 형태)이 필요할 수도 있다. 건강하고 균형 잡힌 식단을 제공하고 채소와 과일의 섭취량을 제한하는 것으로 고창증을 충분히 예방할 수 있다. 칼슘이 들어 있는 미네랄블록을 케이지에 넣어주는 것도 고창증 예방에 도움이 될 수 있다.

■**질식** : 앞서도 언급했듯이 친칠라는 섭취한 먹이를 토해내거나 게워내지 못하는데, 만약 음식물이 기도로 잘못 넘어가는 경우 질식으로 사망할 수 있다. 침을 흘리고 헛구역질을 하거나 호흡곤란, 먹기를 거부하는 것은 모두 질식의 증상이다. 모든 연령대의 친칠라가 질식의 위험에 노출돼 있으며, 특히 건포도, 알갱이가 작은 과일, 견과류 등 크기가 작은 간식을 먹이는 경우 각별히 주의해야 한다.

친칠라가 걸리는 대부분의 질병은 소화기관문제와 관련돼 있다. 초기에 소화기관문제를 알아차릴 수 있는 가장 좋은 방법은 친칠라의 대변덩어리를 세밀히 관찰하는 것이다. 친칠라의 배설물에 주의를 기울이는 것은 건강상태를 파악하기 위해 보호자가 해야 할 가장 중요한 일이다. 따라서 매일 대변의 상태를 점검해 이상 유무를 확인하도록 한다.

친칠라의 대변활동 : 건강한 친칠라는 하루에 200개 이상의 대변덩어리(대변환)를 배출한다. / 친칠라는 오전 3시에서 오전 6시 사이에 배변한다. / 친칠라는 오전 8시에서 오후 2시에 주로 자신의 대변을 먹는 자기분식행위를 한다.

건강한 친칠라의 대변덩어리 : 건강한 친칠라의 대변덩어리는 갈색, 어두운 회색 또는 검은색이고 건조하며, 그 길이는 대략 1cm 정도 된다. / 친칠라의 크기에 따라 대변덩어리의 크기가 달라진다. 수컷의 대변덩어리는 암컷의 대변덩어리와 비교해 일반적으로 좀 더 길고 가늘다. / 오전에 배설한 대변덩어리가 오후에 배설한 대변덩어리보다 작다. / 건강한 친칠라의 대변덩어리는 통통하고 악취가 없으며, 커다란 쌀알처럼 길쭉한 모양을 띤다. / 친칠라가 이와는 다른 형태의 대변을 본다면 즉시 건강에 이상은 없는지 확인해야 한다.

아픈 친칠라의 대변덩어리 : 피가 포함된 대변, 악취가 나는 대변, 죽같이 흐물흐물한 대변, 번들거리는 대변, 수분 및 거품이 있는 대변, 또는 털과 함께 띠처럼 이어져 있는 대변 등을 보이는 경우 친칠라의 건강에 문제가 있다는 신호다.

또한, 케이지 바닥에 깔아놓은 베딩 등의 이물질을 삼켰을 경우에도 질식할 위험이 있다. 막 출산을 한 암컷은 새끼의 태반을 먹다가 질식할 수도 있다(어미가 갓 낳은 새끼의 태반을 먹는 것은 지극히 자연스러운 행동이다).

친칠라가 질식 증상을 보이면, 목에 걸린 이물질이나 먹이를 즉시 제거해줘야 한다. 이때 수술이 필요할 수도 있으며, 촌각을 다투는 아주 위급한 상황이므로 절대 시간을 허비해서는 안 된다. 목에 걸린 이물질이나 먹이를 눈으로 확인할 수 있고 핀셋이나 작은 집게 등으로 안전하게 잡을 수 있다면, 보호자가 직접 이물질을 당겨 제거해줄 수도 있다(제거하는 동안 물리지 않도록 조심해야 한다). 그러나 친칠라의 입과 목구멍이 너무 작고 좁기 때문에 보호자가 직접 이물질을 제거하는 것은 사실상 거의 불가능하다. 또한, 자칫 잘못하면 목에 걸린 이물질이나 먹이를 목구멍 깊숙이 밀어 넣어 사태를 더욱 악화시킬 수 있으므로 주의를 요한다.

친칠라용 먹이를 제공하고 간식섭취량을 제한하며 고무, 노끈, 플라스틱처럼 작은 덩어리로 쉽게 뜯기는 이물질을 케이지에서 제거하는 것만으로도 질식을 예방할 수 있다.

■**변비 :** 변비는 친칠라에 있어서 설사보다 더 자주 발생하는 증상이지만, 친칠라가 변비를 앓고 있다는 사실을 알아차리지 못하고 넘어가는 경우가 흔하다. 배변하는 데 힘을 많이 주거나 평소보다 배출하는 대변덩어리가 적다면 그리고 대변이 단단하고 건조하며 짧거나 피가 묻어 나온다면 변비가 생긴 것이다. 변비로 인해 대변을 볼 때 지나치게 항문에 힘을 주면 직장탈출증을 유발할 수 있는데, 직장탈출증은 결장의 일부가 항문 밖으로 나오는 심각한 상태로서 제대로 치료하지 않으면 사망으로 이어질 수 있다.

변비는 일반적으로 섬유질을 충분히 섭취하지 않아서 발생하는 것이기 때문에 섬유질을 섭취하는 것으로 쉽게 예방할 수 있다. 수분섭취가 충분하지 않을 경우에도 문제가 발생할 수 있다. 친칠라의 소화기관은 식이섬유가 풍부한 먹이를 수용하도록 진화했으며, 야생에서 친칠라는 식이섬유를 많이 포함한 풀을 즐겨 먹었다. 야생에서 살았던 조상처럼, 반려 친칠라도 항상 우적우적 씹어 먹을 수 있는 많은 양의 신선한 건초를 필요로 하며, 항상 깨끗한 물을 주는 것도 잊지 말아야 한다. 임신한 경우 태아가 자궁에서 자라면서 어미 친칠라의 내장을 압박하기 때문에 변비에 걸리기 쉬운데, 일단 새끼가 태어나면 대부분 증상이 사라진다.

과체중이거나 비활동적인 친칠라도 변비에 걸릴 수 있다. 이런 경우 치료법은, 과도한 간식섭취량을 줄이고 식단에 식이섬유 함량을 늘리며, 많이 놀고 운동을 할 수 있는 기회를 제공하도록 계획된, 점진적이고 안전한 체중감량프로그램을 실행하는 것이다. 아직 친칠라에게 운동용 쳇바퀴를 사주지 않았다면 지금 당장 쳇바퀴를 하나 사도록 한다. 친칠라가 변비에 걸렸다면 섬유질을 좀 더 제공해야 하며, 신선한 사과 조각을 추가함으로써 섬유질을 늘려줄 수 있다. 견과류, 건포도 또는 곡물을 먹지 않도록 하고, 식단에 약간의 식물성 기름을 첨가하는 것도 도움이 될 것이다. 수의사가 처방한 변비약(제품명: 락사톤-Laxatone)이나 헤어볼(hair ball)을 제거하는 제품(제품명 페트라몰트-Petramalt)은 대변을 부드럽게 해서 항문을 통과시키는 데 도움이 될 것이다.

> **복통치료제**
>
> 친칠라에게 복통과 구역질 치료제로 사용되는 카오펙테이트(Kaopectate), 펩토비스몰(Pepto-Bismol) 또는 이와 유사한 제품을 먹이지 않도록 한다. 이러한 약물은 최근 고양이를 포함해 일부 종의 동물에게 독성이 있는 물질을 포함하도록 변경됐고, 이 새로운 물질이 포함된 제품을 친칠라가 복용해도 안전한지에 대한 검증이 아직 이뤄지지 않았다.

증세가 좀 더 심각한 경우 수의사가 부드러운 관장약을 적절하게 제공하는 방법을 보여줄 수 있다. 이때 플리트관장제(Fleet enema, 윤활 처리한 직장관을 갖추고 있고 5cm의 플라스틱 압착병에 담긴 관장액의 상품명으로 가벼운 변비 및 기타 검사 시 장세척이나 수술 후 배변보조 또는 바륨 배출을 유도하는 데 사용된다-편집자 주)는 사용하지 않도록 하는데, 일부 플리트관장제는 동물에게 독성이 있다.

매일 친칠라에게 섬유소가 충분히 함유된 먹이를 챙겨주면 변비를 예방하는 데 도움이 될 수 있다. 먹이에 함유된 섬유소는 음식물의 장내 이동을 촉진하고 장내에서 계속 움직일 수 있도록 해준다. 항상 신선한 물을 먹을 수 있게 해주는 것도 예방에 도움이 된다.

■**설사 :** 설사가 심각하면 탈수와 사망으로 빠르게 이어질 수 있다. 친칠라는 셀프 그루밍을 하고 털을 항상 청결하게 유지하기 때문에 설사를 하고 있다는 사실을 간과하기 쉽다. 만약 친칠라가 축 처져 있거나 무기력하거나 탈수증상이 있거나 둔하거나 털 상태가 나쁘다면, 설사를 의심해봐야 한다. 항문 주변에 얼룩이나 습기 등의 설사 흔적이 있는지 살펴보고, 케이지 철망과 바닥 및 베딩에 설사를 나타내는 묽거나 변색된 변 자국이 없는지 살펴보도록 한다.

급성설사는 종종 채소를 지나치게 많이 섭취하거나 곰팡이가 핀 건초 또는 너무 어린(6개월 이상 자란 것을 제조한 건초 권장) 건초를 섭취할 경우 발생된다. 또한, 지아르디아(Giardia, 편모충의 한 속으로 척추동물의 장관 내에 기생), 크립토스포리디움(Cryptosporidium, 구균성 원생동물)과 같은 원생동물에 감염돼도 유발된다. 급성설사는 친칠라의 목숨을 위협하는 심각한 상태이며, 즉시 치료해야 한다. 만성이자 지속성 설사에 시달린다면 박테리아 또는 기생충감염에 의한 것일 수 있다. 설사가 심해지면 항문 밖으로 직장이 나오는 직장탈출증으로 이어질 수 있다.

설사를 보일 때는 원인을 찾아내 치료가 될 때까지 탈수 또는 전해질 불균형을 겪지 않도록 신경 써야 한다. 설사는 급격한 탈수를 일으키고, 탈수는 빠르게 사망으로 이어질 수 있다. 필요한 경우, 식수에 전해질을 첨가해주도록 한다. 설탕이나 소금이 첨가되지 않은 밀 비스킷을 잘게 조각내서 먹이는 것도 설사를 완화시키는 데 도움이 될 것이다. 그러나 친칠라가 설사를 하는 즉시 동물병원으로 데려가 진단을 받고, 전해질균형 상태를 확인하는 것이 현명한 방법이다.

먹거나 마시는 것을 거부하고 입으로 전해질용액을 공급하는 것이 불가능하다면, 주사기를 이용해 피하에 직접 주입해야 할 수도 있다. 수의사가 직접 주사를 놓거나 주사 놓는 방법을 보호자에게 보여줄 수도 있다. 박테리아나 기생충감염으로 인한 설사의 경우 처방약을 필요로 할 수도 있다.

■**모구증** : 친칠라 보호자라면 헤어볼(hair ball)이란 단어를 많이 접해봤을 것이다. 헤어볼은 모구(毛球)라고 하며, 위나 내장에 털이 뭉쳐 단단한 공처럼 헤어볼이 형성되는 증상을 모구증(Trichobezoar, 毛球症)이라고 한다. 친칠라는 그루밍을 할 때 약간의 털을 삼킬 수도 있는데, 털을 물어뜯는 습관을 지닌 친칠라는 상당한 양의 털을 삼키게 되고 이것이 헤어볼을 형성한다.

모구증의 증상은 식욕부진, 우울증, 무기력 그리고 복통이므로 이러한 증상을 보이면 즉시 치료해야 한다.

모구증의 증상은 식욕부진, 우울증, 무기력 그리고 복통 등이다. 일부 친칠라(토끼도 포함) 브리더는 모구증을 치료하기 위해 신선한 파인애플주스나 파파야정제를 먹이기도 하는데, 파인애플과 파파야에 들어 있는 효소가 친칠라의 위에 쌓인 헤어볼을 분해한다고 믿기 때문이다. 락사톤(Laxatone) 및 페트라몰트(Petramalt)와 같은 동물치료용 약품이 헤어볼을 제거하는 데 도움이 될 수도 있지만, 불행히도 모구증은 일반적으로 외과적 수술로 제거해야 한다.

헤어볼 생성을 예방하는 가장 좋은 방법은 서로의 털을 물어뜯는 친칠라들을 격리시키고, 모든 친칠라에게 양질의 식단을 제공하는 것이다. 연구에 따르면, 친칠라가 털을 씹는 이유는 영양불균형이나 영양실조로 인한 것일 수도 있다고 한다. 일부 친칠라 브리더들은 이 문제가 유전적인 행동장애라고 생각한다.

털을 물어뜯는 행동은 또한 지루함으로 인해 나타날 수도 있다. 이 경우 친칠라에게 흥미로운 장난감과 놀 수 있는 공간을 충분히 제공한다면 지루함을 덜어주는 데 확실히 도움이 될 수 있으며, 친칠라가 털을 씹는 것을 예방할 수 있을 것이다. 마지막으로 페트라몰트 같은 제품을 식단에 추가하는 것도 보호자가 취할 수 있는 손쉬운 예방책이다.

친칠라가 먹이를 거부하는 경우

친칠라가 식음을 전폐한다면 무언가가 심각하게 잘못됐다는 신호다. 이 경우 즉시 조치를 취해야 한다. 친칠라가 먹이를 먹지 않으면 몸이 금방 쇠약해져 단시간에 사망에 이를 수 있다. 즉시 동물병원을 방문해서 무엇이 문제인지 진단을 받고 치료를 시작해야 한다.

비상 시 공급하는 고에너지 유동식

옥스보우펫사(Oxbow Pet Products)에서 시판하고 있는 것(또는 동물병원에서 추천을 받아도 된다)과 같은 집중관리식단(회복식)은 항상 구비하고 있어야 한다. 반려동물 관련 서적에서 많은 저자들이 반려동물이 아프거나 다쳤을 때 먹이면 좋은 '비상 시 유동식'을 소개하고 있지만, 이러한 것들의 대부분은 균형이 적절하게 잡혀 있지 않고, 탈수나 건강에 해로운 고혈당(혈중 혈당수치가 정상수치 이상으로 증가하는 것)을 유발할 수 있으므로 급여에 주의해야 한다. 아픈 친칠라는 매우 취약한 상태. 책에서 소개하는 회복식으로 상태를 악화시킬 수도 있는 위험을 감수하기보다는, 의사와 상의하고 검증된 회복식을 항상 준비해두는 것이 좋다.

회복식의 신선도와 영양적 가치를 유지하기 위해 3개월마다 버리고 새 것으로 교체해야 하는데, 신선도와 영양적 가치는 친칠라의 회복에 매우 중요한 요소다. 이는 응급상황에서 여러분이 사랑하는 친칠라의 건강을 지키기 위해 지불하는 아주 적은 대가다. 친칠라에게 직접 먹이나 수액을 주사기로 투여하는 것에 어려움을 느낀다면, 즉시 수의사에게 조언을 구한다. 대부분의 경우, 수액치료를 포함한 공격적인 의료기법이 필요하며, 매우 심각한 경우에는 굶어 죽는 것을 막기 위해 위에 튜브를 꽂아 유동식을 넣어준다.

친칠라는 누군가와 함께하는 것을 좋아한다. 친칠라가 보호자나 동료로부터 떨어져 있거나, 위축되거나 신경질적으로 행동한다면 건강에 문제가 있다는 신호다.

■**위궤양** : 저급 건초, 곰팡이가 핀 건초 또는 지나치게 거칠고 억센 건초를 먹였을 때 위궤양을 일으킬 수 있다. 새끼친칠라는 위궤양 발생에 매우 취약하므로 특히 세심한 주의를 기울여야 한다. 위궤양에 걸렸을 때 나타나는 증상은 보통 식욕부진과 전반적인 컨디션 난조가 전부이기 때문에 죽은 친칠라를 부검하고 나서야 그 친칠라가 위궤양을 앓고 있었다는 사실을 알게 되는 경우도 있다. 위궤양은 X-레이 촬영으로 진단할 수 있으며, 만약 친칠라가 위궤양에 걸렸다면 치유되는 동안 수의사가 위벽을 보호하는 약을 처방할 수 있다.

■**위장염** : 위장염은 위와 장에 염증이 생기는 질병으로 식단의 변화 또는 오염된 먹이를 섭취한 경우 발생할 수 있다. 장염의 증상은 설사, 탈수, 체중감소, 복통, 비정상적인 자세(고통을 완화시키기 위해 웅크리고 앉아 있거나 누운 채 뻗어 있다), 탈장 등이다. 장염에 걸린 경우 이러한 증상 중 하나 또는 여러 가지가 동시에 나타날 수 있다. 장염에 걸리면 식단에 충분한 식이섬유를 포함하는 것으로 치료를 진행한다. 오염 가능성이 있는 먹이는 먹이지 않도록 하고, 수액과 전해질을 주사하거나 조용하고 스트레스가 없는 환경으로 옮기는 등 보조치료를 병행한다.

문제	증상	원인
고창증	복부가 부풀어 오르고 팽창되며, 무기력하고 호흡곤란이 나타난다. 옆으로 비스듬히 눕는다.	식단변화, 푸른 채소와 과일의 과도한 섭취, 과식 등이 원인이다. 출산한 지 2~3개월 된 모유수유 중인 암컷에게서 가장 자주 볼 수 있다.
질식	침을 흘리고 구역질을 하며, 식욕을 잃는다. 호흡곤란이 나타나고, 이물질이 식도에서 기관지로 넘어갔을 수 있다.	친칠라는 기관지나 목에 걸린 물질을 밖으로 토해내는 능력이 없다. 모든 연령대에서 일어날 수 있으며, 크기가 작은 간식(건포도, 과일, 견과류)을 먹는 친칠라 또는 베딩과 같은 이물질을 삼키는 경우, 좀 더 자주 일어난다.
침 흘리기	침을 흘리고, 입에서 악취가 난다. 가슴과 앞발이 축축하다. 체중이 감소한다. 점진적인 소모성을 띠며 결국 굶주림으로 사망에 이른다.	먹이를 삼키지 못하거나 먹이를 삼킬 때 고통스러워한다. 보통 치아부정교합과 관련이 있다.
변비	대변을 볼 때 힘을 많이 주고 배변에 어려움을 겪는다. 대변덩어리가 딱딱하고 가늘고 짧다. 대변에 피가 묻어나오기도 한다. 특히 폐색 또는 이물질이 있는 경우 원인과 위치를 파악하기 위해 X-레이를 찍어야 할 수도 있다.	섬유소를 충분히 제공하지 않고 고농축 식단을 먹일 경우 변비에 걸리기 쉽다. 비만, 운동부족, 활동감소 등도 변비의 원인이다. 임신한 암컷은 태아가 내장을 압박해 변비가 발생할 수 있다.
설사	케이지 내에 묽은 변이 묻어 있다. 항문 주위의 털에 대변 또는 흔적이 얼룩져 있다.	급성설사는 푸른 채소를 많이 먹이거나 곰팡이가 핀 건초를 급여하는 등 잘못된 식단을 제공할 경우 나타나며, 만성설사는 박테리아와 기생충에 감염됐을 때 나타난다.

젖산균(Lactobacillus acidophilus, 프로바이오틱의 일종인 유산간균)이 정상적인 장내 박테리아를 재생시키는 데 도움이 될 것이다(젖산균은 장에 '착한 박테리아'이며, 동물병원과 건강식품판매처에서 젤, 페이스트 또는 액체형태로 구입할 수 있고 요거트에도 들어 있다).

■**장염전과 장폐색 :** 만성위장염이나 변비는 장염전(장이 꼬이거나 매듭을 만드는 증상), 맹장과 결장의 장폐색(장관이 부분적으로 또는 완전히 막히는 질병)으로 이어질 수 있다. 장중첩증(장의 일부분이 포개지거나 접히는 증상)도 생길 수 있다. 이 모든 증상은 극심한 고통을 수반하며, 순식간에 사망으로 이어질 수 있다.

치료	예방
빠르고 고통스러운 죽음을 유발하는 응급상황으로서 복부의 압력을 낮춰주고, 가능하다면 칼숨제를 주사해야 한다.	올바른 식단과 적절한 관리를 유지해야 한다. 푸른 채소와 과일을 과도하게 제공하지 말고 새끼에게 젖을 물리는 어미 친칠라는 주의 깊게 관찰해야 한다.
질식사고가 일어난 즉시 친칠라를 병원으로 데려가야 한다. 수의사는 진정제를 투여해 마취를 한 뒤, 기관을 절개해서 기도를 확보해주고 기도를 막은 이물질을 제거한다.	올바른 식단을 제공하고, 적절한 관리를 유지하는 것이 최고의 예방법이다.
부정교합을 교정해준다.	부정교합이 있는 친칠라는 번식프로그램에서 제외시키도록 한다.
신선한 사과를 소량 추가함으로써 식단에 식이섬유를 늘려준다. 건포도, 곡물, 기타 간식은 먹이지 않는다. 만약 필요하다면 변비치료제를 투여한다(유형과 용량을 수의사와 상담한다).	식물성 오일을 소량 먹이고, 식이섬유를 충분히 섭취할 수 있도록 해준다.
올바른 식단을 지키고 물에 전해질을 첨가해준다. 수분을 충분히 섭취할 수 있도록 해주고 필요하다면 수액을 투여한다.	

장염전이나 장폐색이 있는 친칠라는 웅크리고 앉거나 누운 채 쭉 뻗어 있으며, 심한 고통을 완화시키기 위해 바닥을 구르기도 한다. 이러한 증상을 보이는 경우 극도로 고통스러우며 생명을 위협하는 응급상황이므로 즉각적인 수술치료가 필요하다. 애석하게도 수술을 한다 해도 생존가능성이 그리 높은 편이 아니다.

■**직장탈출증** : 설사나 변비가 심할 경우 직장이 항문 밖으로 빠져나와 빨갛게 성이 나고 부어오를 수 있으며, 이렇게 나온 직장은 다시 몸속으로 들어가지 않는다. 상태가 매우 심각하면 결장의 일부도 항문 밖으로 빠져나와 부풀어 오를 수

친칠라에게 가장 흔하게 발생하는 비전염성 소화기관장애

문제	증상	원인
위장염	설사, 탈수, 체중감소, 고통스러운 복통이 나타난다	식단변화, 오염된 먹이섭취, 특정 항생제의 오용으로 생긴다.
장염전, 장중첩증, 장폐색	고통을 완화시키기 위해 몸을 웅크리거나 누운 채 쭉 뻗어 있는 자세를 보인다. 바닥을 데굴데굴 구르기도 한다.	만성변비나 만성위장염이 원인이다.
위궤양	식욕을 잃는다. 위궤양은 종종 사망 이후 부검을 통해서 발견되는 경우가 있다.	새끼에게서 자주 발생한다. 식욕이 부진하고 먹은 음식을 토해내려는 행동을 보인다.
직장탈출증	직장이 항문 밖으로 빠져나와(창자가 나오는 경우도 있다) 붓고 빨갛게 부풀어 오르며, 통증이 수반된다.	만성변비와 만성설사 그리고 대변을 볼 때 힘을 너무 심하게 주는 경우 직장탈출증이 생긴다.
모구증	평소와는 다른 자세를 취하고 우울해하며 무기력하다. 식욕이 없고 복통을 호소한다.	털을 삼키거나 물어뜯는 경우 발생한다.

있다. 치료하지 않고 방치할 경우 세포괴사가 일어날 수 있다. 직장탈출증은 친칠라에게 흔한 질병이다. 한 보고서에 따르면, 연구실에서 사망하는 친칠라의 6%가 직장탈출증이 원인이라고 한다. 직장이 심각하게 손상되지 않았다면, 항문 밖으로 노출된 부분에 조직을 수축시키는 데 도움이 되는 멸균윤활제와 농축설탕용액을 바른 다음 부드럽게 눌러서 제자리로 밀어 넣을 수도 있다. 그러나 대부분의 경우 탈장된 직장은 다시 탈장되는 경향이 있어서 수술을 통해 바로잡아야 하며, 붓기가 가라앉고 조직이 치유될 때까지 봉합사로 고정시켜줘야 한다. 이 기간 동안, 간이 전혀 안 된 부드러운 곡물(쌀은 제외)을 1~2주 동안 급여한다.

박테리아, 기생충, 원생동물 감염
박테리아(세균), 장내 기생충과 원생동물(아메바와 같은 극도로 작은 생물체)은 심각한 위장염 같은 질병을 유발해 갑자기 사망에 이를 수 있다. 다행히도, 대부분의 문

치료	예방
섬유질(때로는 소량의 건조하고 잘게 부순 밀이 설사를 완화시키는 데 도움이 된다) 공급, 보조 치료 병행, 젖산균 제공	좋은 식단을 유지하고 신선한 먹이를 급여한다.
장염전과 장중첩증은 생명을 위협하는 심각한 질병이며 외과적 치료가 필요하다. 장폐색은 따뜻하고 부드러운 미네랄 오일 관장제를 이용해 치료할 수 있다.	영양소를 충분히 섭취할 수 있도록 해주고, 변비와 위장염을 예방한다.
거칠고 억센 먹이를 급여하지 않도록 한다. 동물병원에서 위벽을 보호하기 위한 처방약을 진단받아 투여한다.	억세거나 거칠거나 곰팡이가 핀 건초 또는 부패된 먹이를 급여하지 않는다.
때로는 미네랄 오일을 직장에 바른 다음 부드럽게 제자리로 밀어넣을 수 있다. 보통은 수술이 필요하며, 수술 후 회복하는 동안은 간을 전혀 하지 않은 곡물을 급여한다.	균형 잡힌 식단을 제공하고 설사와 변비를 예방한다.
수술이 필요할 수도 있다.	털을 물어뜯지 못하게 하고 영양가 있는 식단을 제공한다. 지루하지 않도록 다양한 장난감을 제공하고 놀아주는 시간을 많이 갖도록 한다.

제는 급작스럽거나 심각하지는 않다. 보통 만성설사의 형태로 나타나는 경고신호를 볼 수 있으며, 이때 즉각적인 조치를 취할 수 있다.

■**세균성 위장염** : 친칠라는 장내에 기생하는 '착한 박테리아'에 의존하는, 특이한 유형의 소화기계를 지니고 있다. 착한 박테리아는 그람양성균(그람염색을 했을 때 현미경 상에 나타나는 색의 변화로 그람양성균과 그람음성균으로 나뉜다−편집자 주)이라 불리며, 친칠라의 건강과 정상적인 소화를 위해 반드시 필요하다. 건강한 친칠라의 장속에 살고 있는 '착한' 그람양성균은 비피도박테리움(Bifidobacterium, 비피더스균)과 에우박테리움(Eubacterium, 진정세균) 그리고 락토바실루스 아시도필루스(Lactobacillus acidophilus, 젖산균)다. 이름이 길고 무시무시하게 들리지만, 친칠라의 건강에 중요한 장내박테리아 군이다. 박테리아, 원생동물, 기생충으로 인해 위장염에 걸리면 설사, 식욕부진, 복통, 무기력의 증상이 나타난다.

친칠라에게 가장 흔하게 발생하는 전염성(감염성) 소화기관장애		
문제	증상	원인
세균성 위장염	설사, 복통, 식욕부진, 컨디션 난조, 체중감소, 무기력이 나타나고, 심각한 경우 사망으로 이어진다. 코리네박테리아 (Corynebacteria)로 인한 장염은 복막염, 내장 종양, 뒷다리마비를 일으킨다.	그람음성균인 대장균, 프로테우스, 살모넬라, 클로스트리디움, 코리네박테리아가 원인이다.
원생동물성 장염	일부 친칠라는 감염의 징후가 전혀 나타나지 않을 수 있다. 체중감소, 기력소모, 설사 그리고 혈변의 증상을 보이는 친칠라도 있다.	편모충, 트리코모나스, 바란티디움, 크립토스포르디움, 에이메리아가 장염을 일으키는 원생동물이다.
기생충성 장염	기생충이 우글거리기 전까지 아무런 증상이 나타나지 않을 수도 있으며, 주로 결장에 염증이 생기고 설사를 한다.	디스토마류, 선충, 촌충, 조충, 위충이 장염을 일으킨다.

세균성 위장염은 일반적으로 오염된 먹이와 잘못된 유형의 먹이를 섭취한 경우 발생한다. 잘못된 유형의 항생제를 투여하는 경우에도 세균성 위장염에 걸릴 수 있는데, 항생제가 장내 해로운 박테리아의 과다증식을 유발하기 때문이다. 사실 치료를 위해 사용되는 일부 항생제는 '나쁜' 박테리아와 함께 '착한' 박테리아를 죽인다. 예를 들어, 에리트로마이신(Erythromycin), 클린다마이신(Clindamycin)과 링코마이신(Lincomycin) 같은 항생제는 정상적인 소화를 위해 필수적으로 필요한 '착한' 박테리아인 그람양성균을 죽이게 된다.

따라서 항생제를 투여할 때는 각별히 주의해야 한다. 친칠라에게 사람이나 다른 반려동물에게 처방된 약을 먹이지 말아야 하며, 친칠라 및 현재 친칠라의 건강상태에 대해 특별히 처방된 약이 아닌 것은 투여하지 않도록 한다. 참고로 알벤다졸(Albendazole)은 편모충(Giardia) 치료를 위해 사용되는 약물로 메트로니다졸(Metronidazole)보다 안전하고 효과적이다. 메트로니다졸은 어린 동물 또는 간 기능이 손상된 동물에게는 사용을 권장하지 않는다.

그람음성균[1]으로 알려진 대다수의 나쁜 박테리아는 설사를 일으키고 갑작스런 사망을 초래할 수 있다. 그람음성균에는 대장균(Escherichia coli, E. coli), 프로테우스(Proteus, 장내 세균과의 1속), 살모넬라(Salmonella), 클로스트리디움(Clostridium, 그람

치료	예방
영양가가 골고루 들어간 올바른 식단을 제공하고, 장내 그람양성균의 수를 증가시키기 위해 젖산균을 먹인다. 항생제(그람양성균을 죽이지 않는) 처방이 필요할 수도 있으므로 수의사에게 문의하도록 한다.	오염된 먹이는 급여하지 않도록 하고, 감염된 친칠라를 다른 건강한 친칠라와 격리한다.
동물병원에서 원생동물 치료제를 구입할 수 있다. 수분을 충분히 섭취할 수 있도록 해주고 전해질을 제공한다.	신선하고 깨끗한 물, 좋은 먹이, 좋은 환경(케이지 환경을 건조하게 유지한다)을 제공한다. 스트레스를 줄여주고, 감염된 친칠라는 격리해서 치료한다.
동물병원에서 구충제를 처방받아 투여한다.	위생상태를 철저하게 관리한다. 좋은 환경, 깨끗한 케이지, 깨끗한 물을 제공한다. 오염된 먹이는 먹이지 않도록 하고, 감염된 친칠라는 격리해서 치료한다.

양성의 간균으로 대부분이 편성혐기성 세균)이 있다. 친칠라가 설사를 하면 그람양성균인 젖산균을 먹이도록 한다. 항생제를 투약하고 있는 경우 젖산균이 설사를 완화하거나 항생제요법으로 인한 장내 박테리아의 불균형을 바로잡는 데 도움이 될 수 있다. 젖산균은 건강식품 판매처에서 용액과 요거트 형태로 또는 동물병원에서 젤이나 페이스트 형태로 구입할 수 있다.

치아와 관련된 문제

친칠라의 이빨(앞니와 어금니)은 치근이 없으며 평생 동안 자란다. 앞니의 바깥쪽 표면은 에나멜로 덮여 있고, 상아질로 된 안쪽 면과 뒤쪽 면에 비해 단단하다. 그래서 친칠라가 무언가를 갉을 때 이빨은 끊임없이 마모되고 날카롭게 된다. 성장이 이뤄지는 뿌리 부위를 제외하고 친칠라의 앞니에는 신경이 없다.

치과질환 유무를 정기적으로 확인할 필요가 있는데, 천 조각으로 고리를 만든 다음 고리에 앞니를 걸고 위턱을 부드럽게 들어 올리면 앞니가 드러나므로 이때 확인하면 된다. 시행하기 어렵다면 동물병원에서 치과검진을 받도록 한다. 대부분

---

1) 그람염색법에서 염색했을 때 적색으로 염색되는 세균이다. 그람염색법은 세균 염색법의 하나인데, 염색법이 간편하며 원인균의 추측과 항생제의 선택에 중요한 지표가 된다는 점에서 모든 세균에 대해 행해지고 있는 중요한 염색법이다.

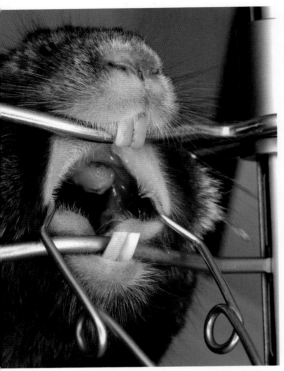
동물병원에서 치과치료를 받고 있는 친칠라의 모습

의 치과문제는 안전한 이갈이용 장난감을 제공하고 균형 잡힌 식단을 급여함으로써 충분히 예방할 수 있다. 부정교합이나 구개파열(입천장이 갈라지는 선천적인 기형)과 같은 일부 치과문제는 유전적인 요인으로 인해 나타나는 것으로 간주된다.

■**부정교합 :** 앞니나 어금니가 제대로 정렬돼 자라지 않는다면, 치아가 고르게 마모되지 않는다. 이를 부정교합이라 하며 친칠라에게 흔히 나타나는 치과문제다. 부정교합은 후천적, 선천적 또는 유전적으로 나타날 수 있다. 후천적 부정교합은 출생 후 외상이나 사고와 같은 원인에 의해 발생된 경우이며, 선천적 부정교합은 이미 부정교합을 가지고 태어났다는 의미다. 선천적인 부정교합은 유전적인 것일 수도 있고 아닐 수도 있다. 만약 유전적 요인으로 부정교합이 생긴 경우라면, 부모로부터 부정교합 유전자를 물려받았고 자신도 후손에게 부정교합 유전자를 물려줄 수도 있다는 것을 의미한다.

초기의 친칠라 농장 주인들이 자신의 농장에서 사망한 친칠라 중 50%가 소화기 관장애가 원인이었다고 보고한 것을 기억해보자. 이 50% 중에서 25%가 부정교합으로 인한 사망이다. 즉 죽은 친칠라의 10% 이상(정확히 12.5%)이 부정교합과 관련된 문제로 사망한 것으로 간주됐다. 이는 엄청난 수치이고 농장 주인의 입장에서는 상당한 손해다. 친칠라를 번식시킬 계획이 있다면 치과문제를 지니고 있는 친칠라는 번식프로그램에서 제외하는 것이 매우 중요하다.

부정교합이 있는 경우 방향이 틀어진 이빨이 입안의 섬세한 조직을 뚫고 자랄 수도 있기 때문에 극심한 고통을 유발한다. 친칠라는 어금니의 부정교합이 있을 수도 있는데, 잘못 정렬된 어금니는 서로 안쪽과 바깥쪽으로 휘어질 수 있다. 어금니가 비스듬하게 자라면 입안에 상처를 입히고, 혀나 볼 안쪽에도 상처를 입힐 수 있다. 또한, 부정교합은 농양, 치주질환, 턱 안의 이빨을 둘러싸고 있는 뼈에 염증을 일으킬 수 있다. 이와 같은 질환은 턱 한쪽 또는 양쪽에 나타날 수 있으며, 이로 인해 먹이를 먹는 것이 어렵거나 불가능하게 된다.

친칠라가 침을 흘리거나 턱이 젖어(과량의 침이 축적돼) 있는 경우, 뻐드렁니가 있거나 먹이를 삼키는 데 어려움이 있는 경우, 체중이 줄거나 먹는 것을 거부하는 경우, 입에서 통증을 느끼거나 악취가 나는 경우는 부정교합으로 고통 받고 있을 가능성이 매우 높다. 친칠라의 입이 작아서 입안을 들여다보는 것이 쉽지 않기 때문에 육안으로 부정교합 유무를 확인하는 것은 어렵다. 전문기술, 전문적인 도구 그리고 마취제가 있어야 친칠라의 입안을 자세히 들여다볼 수 있고 문제를 바로잡을 수 있으므로 수의사에게 검진을 받는 것이 안전하다.

친칠라에게 부정교합이 있음에도 불구하고 전문가에게 제대로 치료받지 않으면 먹이를 먹지 못해 결국 굶어죽을 수도 있다. 문제가 되는 이빨을 다듬고, 어금니를 교정하거나 앞니를 다듬어줄 때 종종 동물병원을 방문할 필요가 있다. 때로는 이빨을 뽑아야 할 경우도 있다. 부정교합을 치료한 뒤에는 평생 친칠라의 이빨을 정기적으로 관리해줘야 한다. 친칠라의 앞니를 다듬고 어금니를 교정하는 것은 수의사의 몫이다. 실수로 이빨을 부러뜨리지 않도록 세심한 주의를 기울여야 하며, 보통 보다 광범위한 치과치료를 위해서는 가스마취가 필요하다. 이빨의 윗부분에 신경감각이 없더라도 발치는 고통스러울 수 있다(특히 농양과 뼈의 침범이 있는 경우).

부정교합은 친칠라에게서 가장 흔히 발견되는 문제다. 친칠라의 이빨은 평생 정기적으로 다듬어줘야 할 필요가 있다. 부정교합은 유전될 수도 있기 때문에 부정교합을 지닌 친칠라는 번식을 시켜서는 안 된다.

친칠라에게 흔히 생기는 치과문제

문제	증상	원인
부정교합	치열이 고르지 않고 삐뚤다. 돌출된 이빨, 식욕감소, 체중감소, 우울증이 나타난다. 침을 흘리고 턱이 축축하다. 먹이를 삼키지 못하며, 입에 통증이 있다.	유전적일 수도 있고, 외상으로 인해 후천적으로 생길 수도 있다. 불량한 식단이 원인이 돼 발생할 수도 있다.
이빨 부러짐, 잇몸 감염, 치주질환	먹는 것을 거부하고 체중이 감소한다. 고통을 호소하고 침을 흘린다. 삐드렁니가 있다.	외상이 원인이다.

■**슬러벌(Slobber)** : 슬러벌은 말 그대로 침을 삼킬 수 없거나 고통으로 인해 입에 침이 고여 줄줄 흘리는 증상을 말한다. 슬러벌은 종종 어금니의 부정교합과 관련이 있지만 감염이나 농양, 입안의 이물질, 입안 또는 혀에 염증을 일으키는 부러진 이빨이 원인인 경우도 있다. 슬러벌은 체중감소와 기력감퇴를 수반하고, 먹이를 제대로 섭취하지 못해 굶주림으로 사망에 이를 수 있다.

■**이빨 부러짐** : 때로는 앞니가 부러지기도 하는데, 일반적으로 케이지 창살에 걸려 부러지는 경우처럼 외상으로 인해 발생한다. 부러진 이빨은 다시 자라나오지만, 이것이 자라는 동안 빠지거나 또는 부러진 이빨과 맞닿은 이빨이 지나치게 길게 자랄 수 있다. 보통 위아래 이빨이 부딪히면서 마모돼 적당한 길이를 유지하는데, 이빨이 부러지거나 빠져서 이런 역할을 해줄 만한 것이 없기 때문이다. 이런 경우 이빨이 지나치게 길어져서 잇몸을 찔러 입안에 상처가 날 수 있다. 이를 예방하기 위해서는 부러지거나 빠진 이빨이 자랄 때까지 마주보는 이빨을 다듬어줄 필요가 있다.

■**잇몸감염과 치아상실**

잇몸에 염증이 생기거나 발치를 해야 하는 경우도 있을 수 있다. 친칠라의 입이 부어오르고 먹이를 거부하면 입안을 즉시 살펴봐야 한다. 문제가 있다면 바로 치

치료	예방
문제가 있는 이빨을 다듬고 교정해주며, 필요한 경우 진통제를 투여한다. 모든 경우에 수의사에게서 처방받은 약만을 사용해야 한다.	부정교합이 있는 친칠라는 번식프로그램에서 제외시킨다. 친칠라에게 영양가 있는 식단을 제공한다.
입 안에 상처가 나는 것을 막기 위해서 부러진 이빨과 맞닿는 이빨은 부러진 이빨이 다시 자랄 때까지 다듬어줘야 한다. 잇몸에 염증이 생기거나 치주질환이 생길 경우 비타민C 보충제가 유익할 수 있다. 필요한 경우 수의사의 처방을 받아 진통제를 투여한다.	외상 등 사고를 예방한다.

료를 해줘서 친칠라가 먹이를 제대로 먹지 못해 체중이 감소되는 일이 없도록 해야 한다. 발치를 해야 하는 경우 수의사에게 맡겨야 안전하다.

귀와 관련된 문제

친칠라는 중이에 청각실험에 용이한 큰 청각융기를 갖고 있기 때문에 실험실에서 중이염 연구에 이용되곤 했다(중이염은 중이강 내에 발생하는 모든 염증성 변화를 총칭하는 말이다–편집자 주).

■**외상 및 감염** : 친칠라에게서 나타나는 귀와 관련된 대부분의 문제는 다른 친칠라에게 귓바퀴를 물리거나 귓바퀴를 비벼서 혈종이 생기는 등의 외상 또는 감염에 의해 발생한다. 귀에 문제가 생기면 고통스러워하고 귀를 비비며, 드물지만 내이에 염증이 생겼을 경우 머리를 한쪽으로 기울이며 균형을 잃고 자꾸 쓰러지는 증상이 나타난다. 고막의 피부는 매우 약해 쉽게 찢어지기 때문에 귀에 문제가 생기면 치료가 어렵다. 따라서 귓속의 먼지나 이물질을 최대한 조심스럽고 부드럽게 닦아내야 하며, 동물병원을 방문해 항생제연고를 처방받아야 한다. 귀의 혈종을 제거하려면 절개를 해서 염증을 뺀 뒤 봉합을 해줘야 할 수도 있다.

■**누런 귀** : 누런 귀는 일반적으로 비타민B복합체인 콜린(Choline), 필수아미노산

매일 친칠라를 관찰해 병에 걸리지는 않았는지 확인해야 한다. 눈, 귀, 코, 입, 항문과 생식기 주위에 배설물이 묻어 있거나 악취가 나지 않는지 살펴보도록 한다.

인 메티오닌(Methionine), 비타민E의 결핍에 의해 유발되는 것으로 간주된다. 이런 물질이 없으면 간이 식물색소를 분해하지 못하기 때문에 귀와 몸의 일부분이 노랗게 나타난다. 이 경우 비타민E, 콜린과 메티오닌이 들어 있는 양질의 균형 잡힌 식단을 제공하면 귀와 몸에 나타났던 노란색이 금방 정상적인 색으로 돌아온다. 그러나 노란 색소는 황달, 간기능장애 또는 다른 건강문제가 있다는 징후일 수도 있으므로 몸의 일부가 노랗게 변하면 즉시 동물병원을 방문해 정확한 진단과 올바른 치료를 받도록 한다.

눈과 관련된 문제

친칠라는 크고 새까만 눈에 수직으로 긴 동공을 지니고 있다. 맑고 반짝이는 까만 눈동자는 친칠라의 아름다움을 배가시킨다. 친칠라의 눈은 섬세하고 민감하기 때문에 눈과 관련해 문제가 생기면 그 즉시 치료해야 한다. 치료가 늦어지면 눈에 영구적인 손상이 오거나 시력을 상실할 수도 있다.

■**결막염** : 자극, 부상 또는 감염으로 인해 눈에 문제가 발생할 수 있다. 모래목욕은 친칠라의 눈을 자극해 결막염(눈을 감싸고 있는 결막조직에 염증이 생기는 것)을 일으킬 수 있으며, 특히 새끼친칠라가 결막염에 잘 걸린다. 비타민A는 눈을 건강하게 유지하는 데 중요한 영양소인데, 비타민A를 충분히 섭취하지 못한 친칠라는 눈물을 자주 흘리고 눈동자가 탁해지며 기타 안과질환에 취약해진다.
친칠라의 눈이 맑고 반짝이는지 매일 확인하도록 하자. 눈에 총기가 없는 경우, 뿌연 경우, 눈에 물기가 있거나 탁한 액체가 흐르는 경우, 눈 주위의 털에 얼룩이

있는 경우, 사시거나 눈을 감고 있는 경
우 등의 증상이 나타나면 일단 친칠라를
어두운 방에 데려다놓고 동물병원에 문
의한다. 눈에 이상이 생기면 고통스럽고
빛에 민감해진다. 동물병원에서 부드러
운 눈 세척제, 안연고 또는 안약을 처방
해줄 것이다. 비타민A 결핍이 원인이라
면 수의사가 정량의 비타민A를 처방해
줄 것이다. 비타민A의 과다섭취는 비타
민A 결핍과 마찬가지로 해로우므로 과
용하지 않도록 수의학적 권고사항을 면
밀하게 따라야 한다.

친칠라의 눈 상태를 매일 점검하도록 한다. 눈과
관련한 문제는 고통을 수반하고 눈에 영구적인 손
상을 유발할 수 있다.

■**백내장 및 각막궤양** : 각막궤양과 백내
장은 모두 눈이 뿌옇게 보이는 증상이 나
타난다. 각막궤양은 안구의 표면에 나타
나는 것으로 날카로운 물체(베딩 또는 철망의 튀어나온 부분 등)에 안구표면이 긁히거나
찔린 상처로 인해 발생한다. 각막궤양은 통증이 매우 심하며, 바로 치료하지 않
으면 시력을 잃을 수 있고 어떤 경우에는 눈을 잃을 수도 있다. 백내장은 눈 안에
있는 수정체에 생기고 나이가 많은 친칠라에게 주로 나타난다. 치료를 위해서는
반드시 수의사가 친칠라의 현재 눈 상태를 진찰하고 특별히 처방해준 안과용 약
만 사용해야 한다.

피부 및 털과 관련된 문제

친칠라의 화려하고 아름다운 털은 친칠라를 특별하게 만들고 다른 동물과 차별
화시키는 요인 중 하나다. 아마도 친칠라만큼 부드럽고 아름다운 털을 가지고 있
는 동물은 세상에 없을 것이다. 친칠라의 피부와 부드럽고 풍성한 털의 건강을
위해서 평소 세심하게 주의를 기울이도록 하자.

털에 광택과 윤기가 없고 끈적거리거나 엉겨 붙는다면, 수의사에게 정확한 진단을 받도록 한다. 털의 상태가 나쁘다는 것은 근본적인 건강문제가 있다는 신호다.

■**백선(Ringworm)** : 백선은 기생충이 아니라 피부에 생기는 곰팡이(피부사상균)다. 백선이 생기면 털이 빠지는데, 특히 코, 귀 뒤, 발에 난 털이 잘 빠진다. 처음에는 털이 빠지는 부위가 작지만, 점점 크고 넓어지면서 군데군데 탈모 반점이 생기고 딱지투성이의 염증으로 발전할 수 있다. 사람에게도 전염되는 피부사상충인 백색종창균(Trichophyton mentagrophytes)에 의해 가장 많이 발생한다. 동물병원에서 수의사가 진단을 내린 뒤 가장 효과적인 치료법을 처방해줄 것이다. 과거 주로 사용했던 치료제는 캡탄(Captan, 백색분말살균제)과 그리세오풀빈(Griseofulvin, 피부사상균성 감염 치료에 쓰이는 항생물질)이었는데, 캡탄과 그리세오풀빈은 문제를 치료하는 데 효과가 없을 수도 있고, 둘 다 원치 않는 부작용을 낳을 수 있다. 백선에 대한 치료를 위해서는 친칠라의 건강상태와 증세의 심각도에 따라 다른 치료법을 처방해야 한다. 특수샴푸, 연고나 약물이 필요할 수도 있다.

■**털 물어뜯기(Fur chewing)** : 어떤 친칠라는 자기 털을 뽑아낸다. 일정 기간 동안 작은 부위의 털을 뽑을 수도 있고, 하룻밤 사이에 몸의 절반에 해당하는 부위의 털을 전부 뽑아버리기도 한다. 친칠라가 이러한 행동을 하는 이유는 아직 명확하게 밝혀지지 않았는데, 지루함, 스트레스, 불량한 식단, 피부감염, 환경, 호르몬, 불안함 그리고 유전적 요인 등이 가능한 원인으로 지목되고 있다. 털을 물어뜯는 행위는 또한 갑상선, 부신기능항진, 낮은 체온과도 연관이 있다고 알려져 있다.

■**털 빠짐(Fur slip)** : 친칠라가 스트레스를 받으면 털이 스르르 빠지는데, 놀라울 정도로 많은 양의 털이 한꺼번에 빠져서 털 상태가 엉망이 되기도 한다. 이처럼

털이 뭉텅이로 빠지는 탈모를 막기 위해서는 친칠라가 스트레스를 받는 일이 없도록 관리하고, 핸들링을 할 때는 피부나 털을 직접 움켜잡지 말고 엉덩이에 가까운 꼬리의 기저 부분을 조심스럽게 잡는 것이 가장 좋은 방법이다.

친칠라가 아플 경우에는 먹이를 잘 먹도록 관리해 줘야 한다. 비타민C가 풍부한 간식을 급여하는 것이 회복시키는 데 도움이 될 것이다.

■**솜털증후군(Cotton fur syndrome)** : 친칠라의 식단에 단백질의 수준이 과도한 경우(정상적인 권장량의 약 두 배), 털이 가늘어지고 곱슬곱슬해질 수 있다. 다시 균형 잡힌 식단을 급여하면 이런 증상을 바로잡을 수 있는데, 정상적인 모습을 되찾는 데는 오랜 시간이 걸릴 것이다.

■**지방산 결핍** : 친칠라의 피부와 털 건강을 위해서는 필수지방산이 필요하다. 지방산이 부족하면 피부가 건조해지고 각질이 일어나며, 털이 뭉텅이로 빠지고 피부궤양이 생긴다. 치료하지 않고 방치하면 증상이 악화돼 사망에 이를 수 있다.

■**판토텐산 결핍** : 판토텐산(Pantothenic acid) 결핍은 컨디션 난조, 저체중, 식욕상실을 일으킨다. 윤기 없고 칙칙하며 고르지 않은 털은 쉽게 빠지고, 피부는 두꺼워지고 각질이 일어난다. 판토텐산 결핍은 성장부진의 원인이 될 수 있다.

호흡기와 관련된 문제
호흡기질환은 일반적으로 열악한 주거환경으로 인해 발생한다. 케이지의 과밀, 부적절한 환기, 차가운 외풍, 높은 습도는 모두 폐렴과 같은 심각한 질병을 유발할 수 있는 요소들이다. 특히 새끼나 허약한 친칠라의 경우 더욱 취약하다. 호흡기질환의 징후로는 호흡곤란, 눈과 코에서 이물질 배출, 발열, 재채기, 웅크리고

친칠라에게 생길 수 있는 건강문제

문제	증상	원인
물린 상처	이빨에 물린 곳에 상처가 생기고, 상처가 생긴 부위가 붉게 부어오르고 감염이 될 수도 있다. 통증이 있거나 고름이 생기기도 한다.	케이지가 과밀한 경우 스트레스를 받아 서로 싸우거나 사이가 나쁜 친칠라가 서로를 물어뜯어서 생긴다. 주로 암컷이 수컷에게 공격적이다.
탈수증	피부를 잡아당겼을 때 탄력이 없어 원상태로 돌아가는 데 시간이 걸린다. 무기력하고 몸이 약하고 우울해 보인다.	설사, 열사병, 감염, 질병과 스트레스가 원인이 돼 발생한다.
귀 이상	귀를 긁거나 귀에서 이물질이 나온다. 머리를 흔들고 균형감각을 잃기도 한다. 머리를 한쪽으로 비스듬히 기울이고 고통을 호소하기도 한다. 귀가 노란색 또는 빨간색으로 변한다.	트라우마와 감염이 원인이다.
눈 이상	눈에서 이물질이 나오고 눈물이 고여 있다. 눈이 뿌옇게 흐려지고 멍하다.	감염, 상처, 자극과 질병이 원인이다.
탈모	털이 뭉텅이로 빠진 흔적이 있다.	백색종창균, 견소포자균, 석고상소포자균, 백선, 털 물어뜯기(바버링), 영양 불균형, 스트레스 등이 원인이다.
열사병	누워 있고 숨을 몰아쉰다. 침을 흘리고 몸이 쇠약해지며, 자극에 대해 반응이 없다. 혼수상태에 빠지기도 한다.	고온, 고습과 환기불량이 원인이다.
감염, 패혈증	설사, 무기력, 유산, 유선염, 마비, 균형감각 상실, 사경, 경련 등 다양한 증상이 나타나고 사망에 이르기도 한다.	대장균, 살모넬라, 코리네박테리아, 슈도모나스균, 리스테리아균, 예르시니아, 톡소플라스마증 등 세균감염이 원인이다.
호흡기 이상	호흡곤란, 발열, 식욕상실, 무기력, 체중 감소 등의 증상이 나타난다.	연쇄상구균, 슈도모나스균, 파스퇴렐라균, 보르데텔라균 등 박테리아 감염, 자극물 및 미세먼지에 대한 노출, 외풍이나 추위 그리고 눅눅한 환경이 원인이다.
근육 이상	몸을 떨거나 마비되고 뱅글뱅글 돈다. 사경과 경련이 일어나고 사망에 이른다.	칼슘과 인의 불균형이 원인이다.
신경계 이상	얼굴과 다리 근육에 경련이 일어나고 쥐가 난다.	박테리아 바이러스, 기생충감염, 영양 불균형, 유전 등 원인은 다양하다.
외상	무기력하다. 식욕이 없고 정상적으로 걷거나 앉지 못한다. 보통 정강이뼈가 잘 부러지고 출혈, 상처가 붓고 통증이 있다.	물린 상처, 낙상, 골절, 이빨 부러짐 등 다양한 유형의 상처로 인해 생긴다.

※ 친칠라의 건강에 이상이 생기면 항상 수의사에게 정확한 진단을 받고 올바른 치료방법을 결정해야 한다.

치료

상처를 소독한 다음 붓기가 가라앉고 염증이 사라질 때까지 기다린다. 서로 사이가 좋지 않은 친칠라를 격리시킨다.

수액을 투여하고 원인을 규명해 치료한다.

원인을 규명해 치료한다. 영양소 불균형이 문제라면 부족한 영양소를 충분히 섭취시킨다.

눈을 부드럽게 씻어주며, 어두운 곳에 아픈 친칠라를 두고 다른 친칠라와 격리시킨다. 그런 다음 수의사에게 처방받은 안연고를 발라준다.

곰팡이균이 원인인 경우 백선을 치료하고, 바버링이 원인이라면 공격적이고 사나운 친칠라를 격리시킨다. 바버링이 원인인 경우 몸을 숨길 수 있는 장소를 더 많이 만들어주고 장난감을 많이 제공하며, 놀 공간을 만들어준다. 친칠라에게 관심을 많이 쏟고 양질의 균형 잡힌 식단을 제공한다. 털이 빠지면 스트레스를 줄여주고 털을 함부로 만지지 말아야 한다. 식단에 문제가 있을 경우 부족한 영양소를 챙겨주고 균형 잡힌 식단을 제공하며, 진드기가 원인인 경우 약물 등으로 치료한다.

친칠라를 서늘한 장소로 옮기고 몸을 미지근한 물에 담가준다. 이후 의식을 차리면 즉시 물을 먹인 다음 동물병원으로 데려간다.

의사가 처방한 항생제를 투여하고 수분과 영양소를 충분히 섭취시킨다.

아픈 친칠라를 다른 친칠라들과 격리시키고 스트레스를 줄여준다. 안락하고 청결하며 건조한 환경에서 생활할 수 있도록 관리한다.

동물병원으로 데려가서 칼슘제를 주사하고 결핍된 영양소를 보충한다.

구체적인 진단에 따라 치료한다.

자세히 관찰하고 상처의 정도를 정확히 파악한다. 아픈 친칠라를 다른 친칠라와 격리시키고 필요한 경우 진통제를 투여한다. 수술이 필요한 상처도 있을 수 있다.

앉은 자세, 활동저하, 경련 등을 들 수 있다. 폐렴은 바이러스나 박테리아에 의해 유발될 수 있는데, 친칠라에서 호흡기질환을 일으키는 박테리아는 연쇄상구균(Streptococcus), 슈도모나스균(Pseudomonas), 파스퇴

친칠라의 호흡기관

친칠라는 왼쪽에 3개 그리고 오른쪽에 4개로 총 7개의 폐엽(肺葉, 허파를 형성하는 부분으로, 오른쪽 허파는 상엽·중엽·하엽의 세개로 나뉘고, 왼쪽 허파는 상엽·하엽의 두개로 나뉜다-편집자 주)을 가지고 있고, 기도는 타원형이다.

렐라균(Pasteurella), 보르데텔라균(Bordetella)이 있다. 친칠라가 호흡기질환을 앓고 있다고 판단되면 즉시 치료를 시작해야 한다. 눈과 코를 부드럽게 닦아주고 다른 친칠라와 격리시킨 다음, 조용하고 스트레스가 없으며 건조하고 편안한 장소에 두도록 한다. 수분을 충분히 섭취할 수 있도록 해주고 먹이를 먹게끔 유도한다. 수의사가 항생제연고를 처방할 수 있으며, 필요에 따라 다른 약을 처방할 수도 있다. 그러나 애석하게도 친칠라가 폐렴에 걸리면 항생제를 투여한다 할지라도 회복할 가능성은 매우 희박하다.

물린 상처

친칠라는 자신의 동료에 대해 까다로우며, 항상 사이좋게 지내는 것은 아니다. 암컷은 수컷, 특히 몸집이 작고 어린 수컷에게 공격적일 수 있으며, 사이가 좋지 않은 친칠라는 서로를 죽일 수도 있다. 친칠라는 번식기 동안 특히 암컷에게 매우 공격적으로 변할 수 있다. 친칠라가 면도날처럼 날카롭고 긴 이빨로 다른 친칠라를 물어 심각한 상처를 입혔다고 해도 그렇게 놀라운 일은 아니다.

이빨에 물린 상처는 세균에 감염되고 농양을 형성하며, 물린 상처가 깊을 경우 근육과 신경에 심각한 손상을 유발할 수 있다. 서로 물어뜯고 싸우면 피부, 귀, 발가락이 떨어져 나갈 수도 있다. 손가락으로 털을 뒤로 밀어 응어리, 타박상, 뚫린 상처, 붓기, 발적, 무르거나 고름 등의 흔적이 없는지 확인하도록 한다.

치료를 위해서는 가벼운 소독약으로 상처 부위를 깨끗이 소독하고, 항상 깨끗하고 건조하게 관리해야 한다. 상처가 스스로 아물고 나을 때까지 소독해주고 동물병원에서 국소 항생제연고를 처방받아 상처에 발라주도록 한다. 케이지가 과밀하지 않도록 조정하고 과도한 스트레스를 받지 않도록 관리하며, 서로 사이좋게

털이 빠지지 않도록 조심스럽게 핸들링하고, 피부와 털에 문제가 있다는 신호를 조기에 발견할 수 있도록 매일 관찰하면 친칠라의 털을 아름답게 유지할 수 있다.

지낼 수 있도록 환경을 조성해줌으로써 이빨에 물려 상처를 입는 사고를 줄일 수 있다. 때어날 때부터 서로 사이좋게 자란 친칠라가 아니라면 또는 친칠라를 면밀하게 지켜볼 충분한 시간을 가지지 못했고 서로 좋아하는지 확실하지 않다면, 여러 마리의 친칠라를 한 케이지에 합사해 기르는 것은 피하는 것이 좋다.

탈수증

탈수는 동물의 체내에서 수분이 지나치게 많이 빠져나간 상태를 말한다. 친칠라에서 나타나는 탈수증의 가장 흔한 원인은 설사이며, 뜨겁고 건조한 환경에 노출되거나 병에 걸렸을 때도 탈수증이 나타난다. 탈수증에 대한 치료법은 재수화(rehydration), 즉 몸에 수분을 다시 보충해주는 것이다. 친칠라가 탈수증에 걸리면 몸에서 수분과 미네랄이 빠져나가게 되므로 신선한 물을 먹여야 한다. 의식이 없거나 스스로 물을 마실 힘이 없는 상태인 경우, 억지로 물을 목으로 넘기려고 한다면 자칫 기도로 들어가 폐에 물이 찰 수도 있으므로 삼가야 한다. 처방전 없이 구입할 수 있는 페디어라이트(Pedialyte, 물과 필수미네랄이 섞인 용액)와 같은 전해질용액을 먹이도록 한다. 동물병원에서 동물용으로 특별히 제조된 전해질용액을 구할 수 있으며, 응급상황에 대비해 항상 전해질용액을 준비해두는 것이 좋다. 수의사와 상의하지 않고 집에서 만든 소금물 또는 설탕물을 먹이는 것은 피해야 하는데, 잘못된 비율로 만든 전해질용액을 먹일 경우 도움이 되기보다는 해를 끼치고 탈수증상을 더욱 악화시킬 수 있기 때문이다.

열사병

친칠라는 추운 지역에서 진화했으며, 털이 빼곡하게 나 있기 때문에 당연히 더운 날씨보다는 추운 날씨에 잘 견딜 수 있고 열사병에 걸리기 쉽다. 친칠라는 18~21℃의 온도에서 편안하게 활동하며(적당한 온도대는 17~25℃), 온도가 26.6℃ 이상으로 올라가면 친칠라의 체온도 빠르게 과열되기 시작한다. 만약 습도까지 높아진다면 더 빨리 더위에 지치고 열사병에 걸릴 위험이 더욱 커진다.

열사병에 걸린 친칠라는 침을 흘리고 하루 종일 누워 있으며, 몸을 식히기 위해 차가운 바닥에 뻗는다. 호흡이 가빠지고 점막은 정상적인 분홍색에서 밝은 빨간색으로 변하며, 귀 혈관이 부풀어 오르고 귀가 붉게 변할 수 있다. 아주 짧은 시간 내에 기력을 잃고 모든 자극에 대해 반응이 없어지며, 탈수증세를 보이고 결국 혼수상태에 빠진다. 이 경우 즉시 응급치료를 하지 않으면 사망으로 이어질 수도 있다. 친칠라가 열사병에 걸렸다면, 빠르고 안전하게 체온을 낮춰줘야 하며, 수액을 투여해 탈수증세를 치료해야 한다.

체온을 떨어뜨리기 위해서는 친칠라를 두 손으로 들고 미지근한 물을 채운 싱크대에 친칠라의 몸을 담근다. 이때 얼음 또는 얼음물은 사용하지 않도록 하는데,

친칠라와 암

아직까지 친칠라가 암에 걸려서 사망했다는 공식적인 보고는 없다. 과학자들은 친칠라가 암에 걸리지 않는 이유를 밝혀내지 못했다. 아마도 과거 대부분의 친칠라들이 모피사업과 실험실 연구에 이용됐고, 주어진 수명까지 온전히 살고 자연사하는 경우가 없었기 때문일 것이다. 이에 비하면 오늘날 반려 친칠라는 운이 좋은 편이다. 현재 우리는 반려 친칠라에 대해 과거보다 더 많은 사실을 알게 됐고, 머지않아 친칠라가 암에 걸리지 않는 이유와 이 멋진 동물에 대해 우리가 가지고 있는 더 많은 궁금증들에 대한 해답을 얻게 될 것이다.

친칠라는 열과 높은 습도에 매우 민감하며, 이로 인해 열사병으로 고통받을 수 있다.

급격한 온도변화는 발작을 유발할 수 있기 때문이다. 친칠라의 머리가 물에 잠기지 않도록 주의해야 하는데, 머리가 물에 잠기면 숨을 쉬지 못하고 폐에 물이 찰 수도 있다. 의식을 회복하면 몸을 부드럽게 말려준 다음, 건조하고 어두우며 편안한 케이지에 넣어 휴식을 취할 수 있게 해준다. 그리고 수액을 투여하는데, 수액이 폐로 넘어갈 수도 있으므로 의식을 완전히 회복해 먹이를 삼킬 수 있을 때 투여해야 한다. 이후 반드시 동물병원으로 데려가야 한다.

열사병을 예방하기 위해서는 친칠라의 케이지를 직사광선에 노출시키지 말아야 하며, 난로나 벽난로, 라디에이터 또는 히터 가까이에 두지 않도록 해야 한다. 습도가 높으면 열사병을 악화시킨다. 열과 높은 습도는 친칠라의 목숨을 위협하는 조합이기 때문에 덥고 습한 날은 특히 경계를 게을리해서는 안 된다. 사람이 견디기 힘들 정도로 습하고 더운 날이라면, 친칠라에게는 훨씬 더 안 좋은 조건이라는 점을 명심하도록 하자. 이런 날에는 친칠라를 실내에 두고 에어컨을 틀어 온도와 습도를 조절해준다.

또한, 친칠라를 이동시켜야 할 때 절대 자동차 안에 두지 않도록 한다. 따뜻한 날에는, 창문을 부분적으로 열어뒀다 할지라도 차 내부의 온도가 불과 몇 분 만에 48.9℃까지 올라갈 수 있다. 한 케이지에 합사해서 기르고 있는 친칠라의 수 또는 이동 시는 이동장에 함께 넣어 이동시켜야 하는 친칠라의 수에 대해서도 신경을 써야 한다. 서로의 체온으로 인해 케이지 또는 이동장 내부의 온도가 상상 이상으로 올라갈 수 있기 때문이다. 지금 여러분이 기르고 있는 친칠라가 한 마리든 100마리든, 열사병을 예방하기 위해서는 적절한 환기가 절대적으로 필요하다.

골절

작은 동물은 때때로 자신의 의지에 상관없이 곤경에 빠지기도 한다. 친칠라가 높은 곳에서 떨어진 경우, 무언가에 걸려 넘어진 경우, 집에서 기르는 개 또는 고양이의 공격을 받은 경우 등 어떤 식으로든 다치게 된다면 부상의 정도와 골절 여부를 확인해야 한다. 이때 동물병원에 데려가 수의사에게 검사를 받을 때까지 친칠라를 부드럽고 조심스럽게 다뤄야 한다는 것을 잊지 않도록 한다.

친칠라에 있어서 골절상을 가장 많이 입는 곳은 바로 뒷다리의 긴뼈다. 대부분의 동물에 있어서 대퇴골(골반 이하 엉덩이관절부터 무릎관절 사이를 이어주는 긴 뼈)은 가장 긴 다리뼈인데, 친칠라의 경우에는 경골(정강이뼈, 발과 대퇴골 사이에 위치한 뼈)이 다리에서 가장 긴 뼈다. 정강이뼈가 길어서 친칠라가 높이 뛰어오를 수 있는 것인데, 이 정강이뼈는 매우 얇고 약해서 쉽게 부러지며, 케이지 철망 사이에 다리가 끼거나 뒷다리를 잘못 잡는 등의 간단한 사고로도 골절이 될 수 있다. 또한, 친칠라가 흥분하거나 겁에 질린 상태(특히 케이지에서 탈출해 풀어진 상태)에서 단단한 물체에 맞고 튀어나가면서 정강이뼈가 부러질 수도 있다.

부러진 정강이뼈가 붙을 때까지 치료하고 친칠라의 활동을 제어하는 것은 쉬운 일이 아니다. 때때로 정강이뼈가 똑바로 붙지 않거나 영영 다시 붙지 않는 경우도 있다. 그러나 신속하고 적절하게 치료한다면 뼈는 다시 붙고 친칠라는 정상적인 생활로 되돌아갈 수 있다. 친칠라의 다리가 부러진 것 같다고 생각되면, 다친 친칠라를 깨끗하고 편안한 케이지에 넣은 다음, 필요이상으로 만지지 말고 즉시 동물병원으로 데려가도록 한다. 부러진 다리에 빨리 부목을 대서 지지해야 뼈가 더 빨리 제대로 붙는다.

> **친칠라의 척추관리**
>
> 친칠라의 척추는 7개의 경추(목뼈), 13개의 흉추(13쌍의 늑골로 이어진 등뼈), 6개의 요추, 2개의 엉치뼈 그리고 23개의 꼬리뼈로 구성돼 있다. 많은 뼈로 구성된 친칠라의 척추는 부러지거나 부상을 당하기 쉽다. 척추 부상은 흔히 일어나는 사고로 친칠라를 핸들링할 때는 항상 조심하고 떨어뜨리지 않도록 주의해야 한다.

제위위염

족피부염 또는 범블풋(Bumble foot)이라고도 하는 제위위염(Pododermatitis)은 심한 압박 또는 상처감염으로 인해 발 부위에 발생하는 피부질환이며, 염증과 발진 및 소양감의 증상이 나타난다. 제위위염은 친칠라를 철망바닥 또는 날카롭고 거친 베딩을 깔아준 케이지에서 기르는 경우 생기는데, 발을 쉬게 할 곳이 없는 거칠고 자극이 심한 케이지 바닥을 걸어 다니면서 발바닥이 약해져 상처가 생길 수 있다. 바닥이 단단한 케이지를 사용하거나 철망바닥 위에 편안한 베딩을 깔아주며, 벽돌 또는 나무판자, 크고 평평한 돌 등을 깔아 발을 쉴 수 있는 장소를 만들어주면 제위위염을 예방할 수 있다. 또한, 베딩은 항상 깨끗하고 건조하게 관리해야 한다.

신경학적 문제

친칠라에 있어서 주로 나타나는 대표적인 신경계질환은 림프구성맥락수막염(Limphocytic choriomeningitis, LCM)과 발작을 들 수 있다.

■**림프구성맥락수막염(LCM)** : 림프구성맥락수막염에 감염된 설치류의 소변, 접촉 그리고 흡혈곤충에 의해 LCM 바이러스가 확산되며, 이 LCM 바이러스에 감염되면 경련을 일으키고 사망으로 이어진다. 림프구성맥락수막염은 쥐와 햄스터에 있어서 흔한 질병으로 친칠라에서도 보고가 됐다. 림프구성맥락수막염은 사람에게도 전염될 수 있고 뇌막염 및 독감과 유사한 증상을 유발하는데, 안타깝게도 아직 치료법은 없다.

■**발작** : 발작의 원인은 다양하다. 친칠라는 신경계질환을 일으키는 한 원인인 리스테리아 모노시토제네스(Listeria monocytogenes, 리스테리아증의 원인균으로 그람양성 단간균-편집자 주) 감염에 매우 민감하고 취약하며, 감염된 친칠라는 균형감각을 잃고 한자리를 맴돌며 발작을 일으킨다. 이 질병은 친칠라에서 매우 심각하며, 거의 항상 사망으로 이어진다. 유전적 요인(유전된) 또한 루비눈(ruby-eyed) 유전자의 경우와 마찬가지로 발작의 중요한 원인이다. 열사병, 외상, 중독은 칼슘과 포도당 또

친칠라에게 위험한 약물

친칠라에게 약을 먹이기 전에 그 약이 친칠라가 복용해도 안전한지 여부를 수의사에게 반드시 확인해야 한다. 흔히 접할 수 있는 카오펙테이트(Kaopectate)와 펩토비스몰(Pepto-Bismol)과 같은 많은 약물이 친칠라에게 유독하다. 카오펙테이트와 펩토비스몰의 새로운 제조법에는 많은 동물에게 해로운 살리실산염이 들어 있다. 안전을 완전히 확신하지 못하는 한 어떠한 약도 친칠라에게 투여해서는 안 된다.

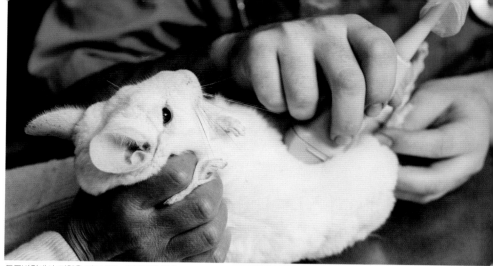
동물병원에서 진찰을 받고 있는 친칠라의 모습

는 티아민의 낮은 혈중농도와 마찬가지로 발작을 일으킬 수 있다. 너구리 배설물에 오염된 건초를 먹은 친칠라는 선충류인 북미너구리회충(Baylisascaris procyonis)에 감염될 수 있다. 이 기생충은 뇌와 척수에 영향을 미치며 균형감각 상실, 사경(斜頸, 머리가 한쪽으로 기울어짐), 발작 및 마비를 일으킨다. 발작의 강도는 격렬한 경련과 경직에서부터 떨림, 비틀기, 물장구 또는 선회에 이르기까지 다양하게 나타날 수 있다. 발작은 몇 초 또는 몇 분 동안 지속될 수 있으며, 발작의 강도가 세고 빈도가 높고 지속시간이 길어질수록 건강상태가 더 심각하다는 것을 뜻한다. 발작을 일으키고 난 뒤 친칠라는 완전히 지치게 되므로 조명이 어두운 편안한 장소에서 쉴 수 있도록 해주고, 수의사에게 조언을 구하도록 한다.

곰팡이가 핀 건초를 먹어 중독됐거나 배설물에 오염된 건초를 먹어 기생충에 감염된 경우, 위생상태 불량으로 리스테리아균 또는 연쇄상구균에 노출된 경우 등 발작의 원인을 규명할 수 있는 경우에는 그 원인을 제거해 향후 일어날 발작을 예방할 수 있다. 그러나 발작의 원인을 알 수 없는 경우(특발성) 또는 발작을 치료할 수 없는 경우(유전성), 발작을 일으키는 동안 친칠라가 다치지 않도록 지켜보고 발작이 끝난 뒤 편안한 곳으로 옮겨 휴식을 취할 수 있도록 해주는 것 말고는 보호자가 할 수 있는 일은 없다. 특발성 간질은 다음 세대에 유전될 수 있기 때문에 특발성 간질이 있는 친칠라는 번식프로그램에서 제외시켜야 한다. 번식문제에 대해서는 '제6장 친칠라의 번식'에서 다루고 있다.

Section 03

기타 **알아둬야 할 것**

인수공통질병(동물매개감염질병)

인수공통질병(zoonotic diseases)은 동물과 사람 사이에 공유될 수 있는 질병을 말한다. 많은 종류의 동물이 자신에게는 문제를 일으키지 않지만 사람에게는 해가 되는 특정 질병의 매개체가 된다. 이와 마찬가지로 사람은 항체 덕분에 아무 문제가 없지만 일부 동물에게는 문제를 일으키는 세균을 옮길 수 있다. 어떤 세균은 사람과 동물 모두에게 병을 일으킬 수 있다.

인수공통질병을 예방하기 위해서는 친칠라를 만지기 전과 후에 손을 깨끗하게 씻는 것이 좋다. 친칠라에게 질병이 발생한 경우, 의사와 수의사가 보호자에게도 감염의 위험이 있는지 알려줄 것이다. 친칠라가 사람에게 옮길 수 있는 것은 림프구성맥락수막염(LCM) 바이러스, 백선(백색종창균-Trichophyton mentagrophytes-과 견소포자균-Microsporum canis-등), 리스테리아 모노사이토제네스(Listeria monocytogenes) 박테리아, 원생동물(톡소플라스마, 편모충, 크립토스포리디움)이 있고, 이밖에도 다양한 장내 박테리아를 들 수 있다.

수술치료가 필요한 경우

친칠라는 수술을 통한 치료가 쉬운 동물이 아니다. 친칠라는 쉽게 스트레스를 받고, 다른 반려동물과 마찬가지로 구속, 마취나 수술과정을 견디지 못하기 때문에 치료에 있어서 고위험군으로 볼 수 있다. 친칠라는 절대적으로 필요한 경우가 아니라면 수술을 피해야 하는데, 안타깝게도 몇 가지 건강문제에 있어서는 수술이 최고의 치료법이거나 유일한 치료법이다. 수술을 통해 해결할 수 있는 문제들은 자궁감염증(자궁축농증), 난산(산도를 통해 새끼가 나오기 힘든 상황), 자궁 내 태아사망(자연적으로 분만될 수 없는 상태가 된다), 장폐색(Intestinal obstruction), 장중첩증, 골절치료, 특정 치과시술 등을 들 수 있다.

중성화수술(불임수술)

중성화는 생식과 관련된 신체조직의 일부 또는 전부를 제거하는 것을 말한다(수컷의 경우 고환, 암컷의 경우 난소와 자궁 제거). 대부분의 반려 친칠라에게는 중성화수술이 필요 없지만, 만약 암수 한 쌍이 있고 둘을 한 케이지에서 기르고 싶은데 번식시킬 생각은 없다면, 중성화수술이 대안이 될 수 있다(두 마리의 사이가 좋다는 가정 하에). 숙련된 전문가가 시행할지라도 모든 수술과 마취에는 항상 위험이 따르기 때문에 수컷의 고환을 제거할지 아니면 암컷의 난소를 적출하지는 고심해서 결정해야 한다. 일반적으로 고환을 제거하는 것이 난소를 적출하는 것보다 간단하고 회복기간도 짧은 것으로 알려져 있다. 친칠라에 대한 중성화수술 경험이 있는 수의사에게 맡기는 것이 좋다.

응급용품

담당 수의사 전화번호 / 가장 가까운 동물병원 응급실 전화번호 / 동물중독관리센터 전화번호 / 순한 완화제(락사톤) / 헤어볼 제거 치료제(페트라몰트) / 페디어라이트 등 전해질용액(동물병원에서 구할 수 있다) / 작은 주사기(먹이주입 또는 관장용) / 미네랄 오일 / 식물성 오일 / 작은 겸자 / 안연고 / 거즈(입을 열 때 사용할 수 있는 작은 고리를 만드는 데 이용한다)

나이 든 친칠라의 관리

친칠라는 일반적으로 장수하는 동물이며, 고령의 친칠라에게는 살뜰한 보살핌과 배려가 필요하다. 고령의 친칠라를 돌볼 때도 새끼친칠라를 기를 때 필요한 것과 같은 것들을 필요로 한다. 예를 들면, 안락한 케이지, 소화시키기 쉬운 고칼로리 먹이, 부드

러운 베딩, 스트레스 없는 생활환경
등이 그것이다. 고령의 친칠라를 돌
볼 때는 그들이 편안하게 생활하고
있는지 면밀하게 모니터해야 한다.
그들의 몸은 예전 같지 않을 것이다.
나이가 들면 스스로 체온을 조절하는
능력이 떨어지기 때문에 새끼친칠라
와 마찬가지로 나이가 많은 친칠라도
주위 온도에 따라 따뜻하거나(더우면
안 된다) 시원하게 유지시켜줘야 한다.
사람의 경우처럼 친칠라도 나이가 들
면 관절염에 시달리고 관절이 뻣뻣해
지며, 뼈가 부러지기 쉽고 근육이 약
하고 작아진다. 또한, 예전만큼 영양
소를 잘 흡수하지 못하고 체중이 쉽
게 감소된다. 따라서 친칠라를 주의
깊게 살펴보고 필요한 것이 무엇인지

고령의 친칠라는 휴식을 취하고 안정감을 느낄 수 있
는 안전하고 편안하며 조용한 장소가 필요하다.

파악해서 세심하게 돌봐야 한다. 부드러운 베딩, 소화되기 쉬운 먹이와 같이 간
단한 것들이 나이 많은 친칠라의 삶의 질을 개선하는 데 큰 차이를 만들 수 있다.

안락사에 대한 고민

최고의 보살핌을 받는다 할지라도 여러분의 친칠라는 언젠가 노화되고 그와 관
련한 질병의 징후를 보일 것이다. 젊고 건강했을 때처럼 뛰어다니고 놀면서 삶을
즐길 수 없게 되기 때문에 힘겨운 시간이 될 것이며, 이런 친칠라의 모습을 보는
보호자에게는 감정적으로 고통스러울 것이다. 보호자는 문제를 예방하거나 치료
할 수 있는 능력이 없다는 생각에 무력함을 느끼고, 사랑스러운 작은 친구가 잠
깐이라도 고통 받는 것을 원치 않을 것이다. 어느 시점에 보호자는 스스로에게
질문을 하게 될지도 모른다. "우리 친칠라를 안락사시켜야 하나?"

안락사는 동물을 인간적으로 그리고 평화적으로, 고통 없이 죽게 하는 것을 말한다. 수의사가 동물을 안락사시키는 방법은 상황에 따라 여러 가지가 있다. 일반적으로 우선 동물이 깊은 잠에 빠질 수 있도록 진정제를 투여한 다음, 고통 없이 거의 즉시 삶을 끝낼 수 있도록 치명적인 물질을 주사하는 방법으로 진행된다.

사랑하는 동물을 안락사시키는 것과 관련해 '적당한 시기'란 없다. 대부분의 사람들에게는 안락사를 너무 빨리 또는 너무 늦게 결정한 것처럼 생각될 것이다. 만약 자신의 친칠라가 며칠 더 즐길 수도 있지 않았을까 후회된다면, 여러분은 너무 성급하게 안락사를 결정했다고 생각할 수도 있다. 반면 친칠라가 고통을 받고 있고 그 고통에서 벗어날 수 있도록 빨리 행동을 취하길 원한다면, 안락사를 너무 늦게 선택한 것은 아닌가란 생각이 들 것이다. 이런 감정이 드는 것은 여러분만이 아니다. 자신의 친칠라를 안락사시켜야 할지 여부를 고민한다면, 이런 고민을 하게 되는 충분한 이유가 반드시 있어야 한다.

친칠라가 질병으로 인해 힘들어할 때, 안락사 여부 및 시기를 결정하는 것은 많은 요소들을 고려해야 하는 어려운 일이다. 친칠라가 고통으로부터 자유로워질 수 없는 경우, 친칠라의 삶의 질이 형편없이 낮은 경우, 행복한 날보다 고통스럽고 괴로운 날이 더 많은 경우, 안락사를 진지하게 고민해볼 수 있다. 자주 가는 동물병원의 수의사가 여러분과 가족이 가질 수 있는 궁금증에 대해 답을 줄 것이다. 원한다면 수의사가 동물묘지나 동물화장터 등을 알려줄 수도 있다.

감정적으로 힘든 이 시기 동안 스스로를 잘 보살피고 마음껏 슬퍼할 수 있는 시간을 가져야 한다. 집안에 어린아이가 있다면 그들이 이해할 수 있는 수준에서 친칠라의 죽음을 이야기하고 위로해주며 슬픔을 함께 나누도록 한다. 친칠라의 일생 동안 최선을 다해 보살폈다는 것, 심지어 가장 어려운 결정을 내려야 했을 때조차도 친칠라의 건강과 복지에 관해 최선의 선택을 했다는 것에 위안을 삼도록 한다. 갑작스런 죽음 또는 원인을 알 수 없는 죽음의 경우 부검과 진단작업이 적극 권장된다. 특히 남겨진 친칠라가 죽은 친칠라와 한 케이지에서 지냈거나 동물원성 감염증(인수공통질병)이 의심되는 경우 부검을 시행하는 것이 좋다.

Chapter 6
친칠라의 번식

친칠라를 번식하기 전에 기본적으로
알아야 할 사항들에 대해 살펴보고,
실제적인 번식의 전반적인 과정에
대해 알아본다.

Section **01**

번식 전 알아야 할 것

친칠라를 기르다 보면 귀여운 새끼의 모습에 반해 언젠가는 번식을 시키고 싶다는 생각이 들 수도 있다. 친칠라를 번식할 계획을 갖고 있다면 첫 단추를 잘 끼우는 것이 중요하다. 이를 위해서는 친칠라의 습성과 생식 등에 관해 최대한 많은 지식을 습득해야 하고, 친칠라를 면밀히 관찰해야 한다. 친칠라를 번식시킨다는 것은, 두 마리의 친칠라를 한 케이지에 집어넣는 것으로 끝날 단순한 문제가 아니며, 친칠라에 대한 풍부한 지식과 냉철한 판단력이 요구되는 일이다.

번식을 시키기에 앞서 궁합이 좋은 녀석들은 어떤 개체인지, 서로에게 좋은 짝이 될지, 튼튼한 새끼를 낳을 수 있을지 그리고 서로 사이좋게 잘 지낼지 등에 대해 고민해야 한다. 또한, 임신과 모유수유 또는 산후조리 등과 관련된 응급상황 및 의학적 지원이 필요한 경우를 대비해 만반의 준비가 돼 있어야 한다. 제왕절개와 같은 수술 또는 약물치료가 필요한 경우 사용할 비상금을 마련해두는 것이 좋다. 친칠라를 번식시키는 일이 여러분의 생활에 많은 즐거움과 활력을 가져다줄 수

있겠지만, 동시에 많은 비용이 드는 일이기도 하다. 친칠라를 번식시키려는 이유에 대해 진지하게 생각해보고, 여러분의 기대가 합리적인지 점검하도록 한다.

친칠라 번식의 목적

친칠라를 번식시킬 계획을 결정하기 전에, 먼저 번식의 목적이 무엇인지 신중하게 생각해봐야 한다. 친칠라 쇼에 참가하기 위해 혹은 우수한 새끼를 낳아 분양하기 위해서일 수 있고, 이것도 아니면 아름다운 털가죽을 생산하기 위해 번식하고자 할 수도 있다. 그 목적이 무엇이든 명심해야 할 것은, 앞서 언급한 분야는 모두 경쟁이 치열한 세계이며, 번식과정에서 여러분은 많은 시간과 비용을 소모하게 된다는 점이다. 반려 친칠라를 분양해 돈을 벌 수 있다고 생각한다면 재고하기 바란다. 친칠라를 분양해서 번식하는 데 들었던 사료비, 병원비 등 사육비를 일정 부분 회수할 수 있다면 운이 좋은 경우라고 할 수 있으며, 친칠라로 원하는 수익을 낼 가능성은 매우 희박하다는 점을 염두에 둬야 한다.

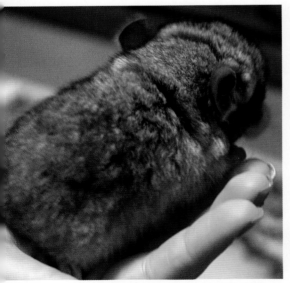

취미 삼아 친칠라를 번식시킬 계획이라면 다시 한 번 생각해보기 바란다. 친칠라를 번식하는 것은 많은 노력과 비용이 드는 일이며, 번식을 시작하기 전에 친칠라에 대해 많은 공부를 해야 한다.

친칠라 털가죽을 팔아 소득을 올릴 생각이라면, 경쟁이 치열하고 한치 앞을 내다볼 수 없는 가죽시장에서 성공적으로 사업을 꾸려나가고 있는 사람을 만나 조언을 구하는 것이 절대적으로 필요하다(이 책은 친칠라를 반려동물로 기르는 사람들을 위해서 쓰였으므로 가죽용 친칠라를 대량으로 기르기 위해서 알아야 할 것들, 즉 가죽용 친칠라 선별법, 사료, 사육환경 등에 대해서는 다루지 않는다. 가죽을 생산하기 위해 친칠라를 번식시킬 목적이라면, 필요한 정보를 담고 있는 서적과 관련 기관 등을 239쪽의 '유용한 웹사이트와 참고문헌'에서 찾아보도록 한다).

친칠라를 번식시킬 계획을 결정하기 전에, 먼저 번식의 목적이 무엇인지 신중하게 생각해봐야 한다.

쇼 참가와 종축을 위해 친칠라를 번식하는 것은 매우 보람 있는 일일 수도 있지만, 대규모로 번식하는 과정에서 상당한 비용과 시간을 투자하지 않는 한 큰 수익을 내기는 힘들 것이다. 여러분이 친칠라를 번식하는 주된 목적은, 친칠라의 전반적인 삶의 질을 향상시키고 더 많은 지식을 습득하며, 습득한 지식을 타인과 공유하고 그 과정에서 즐거운 시간을 갖는 것이 돼야 한다. 물론 경험이 풍부한 친칠라 브리더의 도움 없이 처음부터 대규모로 번식을 시작하는 것은 무리다. 번식프로그램을 시작할 때는 이미 오래 전부터 친칠라 번식에 깊이 관여해온 사람들의 연구결과를 바탕으로 진행할 것이기 때문이다.

훌륭한 친칠라 브리더의 목표는 건강하고 튼튼하며 비율이 좋고 유전적 결함이 적은, 좀 더 아름다운 친칠라를 생산하는 것임을 잊지 않도록 한다. 당연한 소리를 하느냐고 하겠지만, 이 목표를 달성하는 것은 사람들이 생각하는 것만큼 쉽지는 않을 것이다. 자, 이제 훌륭한 친칠라 브리더가 되기 위해서 열심히 공부하고 일하고 즐길 준비가 돼 있다면 다음 과정으로 넘어가보자.

친칠라의 암수구별

친칠라의 암수를 구별하는 것은 쉽다. 일반적으로 암컷이 수컷보다 크기가 크다. 크기 외에 해부학상의 차이를 보자면, 다 자란 성체 수컷이 서혜관(鼠蹊管, 서혜부의 인대 속에 위에서 아래로 뻗어 있는 관−편집자 주)에 큰 고환을 가지고 있다는 점을 제외하면 그 차이는 아주 미묘하다.

친칠라는 음낭이 없으며, 서혜관은 열려 있고 부고환이 항문주머니로 들어간다(노끈처럼 생긴 부고환은 고환에 붙어 있고, 정자를 저장하고 성숙시킨다−편집자 주). 암컷은 생식기와 항문 사이의 거리가 매우 가깝고, 수컷은 생식기와 항문이 멀리 떨어져 있으며 그 사이에 털이 없는 맨살이 자리 잡고 있다.

기질적인 차이를 살펴보면, 암컷은 상대적으로 활동성이 떨어지고, 공격적인 성

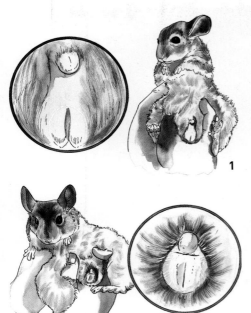

1. 수컷은 고환과 항문 사이에 맨살이 넓게 자리 잡고 있다. 2. 항문과 생식기 사이의 거리는 암컷이 수컷에 비해 짧다.

향이 강해 낯선 친칠라를 만나면 무조건 공격하는 모습을 보인다. 수컷은 암컷에 비해 성격이 온순하며 활동적이다. 또한, 수컷은 암컷보다 겁이 더 많고 먼저 공격적인 행동을 보이는 경우는 드물다.

친칠라의 임신기간

친칠라 번식과 관련해 매우 흥미로운 사실 중 하나는 바로 친칠라의 임신기간이 다른 설치류 또는 심지어 다른 동물과 비교해 상대적으로 길다는 점이다. 긴꼬리친칠라(C. laniger)의 임신기간은 105~180일이며, 평균 111일이다(짧은꼬리친칠라의 임신기간은 최대 128일이다). 참고로 햄스터의 임신기간은 16~18일이고, 친칠라보다 훨씬 큰 동물인 돼지의 임신기간은 111일이다.

한배에서 태어난 형제 또는 자매 친칠라는 같은 케이지에서 평화롭고 사이좋게 잘 지낸다.

다른 많은 설치동물과 비교해 친칠라는 성적 성숙기에 늦게 도달한다. 생후 5개월 반이 되면 사춘기가 시작될 수 있지만, 대부분의 친칠라는 8개월이 지나야 성적 성숙기에 접어든다. 참고로 쥐는 생후 6주가 되면 새끼를 낳을 수 있을 정도로 성적으로 성숙해진다. 친칠라는 계절번식동물로서 1년 내내 번식하는 것이 아니라 정해진 기간, 즉 번식기 동안에만 번식을 한다.

새끼를 적게 낳는다는 것도 친칠라가 가진 또 다른 특성이다. 랫(rat), 생쥐, 햄스터와 달리 친칠라는 한 번에 많은 새끼를 낳지 않는다. 한 번에 1~6마리의 새끼를 낳을 수 있지만, 대부분의 친칠라는 평균 2마리만 낳는다. 다시 말해, 긴 기다림의 시간이 지나야 귀중한 새끼친칠라를 얻을 수 있다는 것이다.

초보 친칠라 브리더에 있어서 앞서 언급한 것들이 의미하는 것은 무엇일까. 먼저, 친칠라를 면밀히 관찰해 언제 번식을 시켜야 하는지 파악할 수 있어야 한다. 또한, 많은 수의 새끼를 번식해서 분양할 수 있으리라는 생각을 버려야 한다. 대부분의 친칠라 애호가들은 반려동물로서 새끼를 한두 마리 유지하기 위해, 또는 쇼에 참여하거나 번식프로그램에 추가할 계획으로 새끼를 번식한다.

새끼친칠라를 분양할 생각이라면, 암컷과 수컷을 교배시키기 전에 새끼친칠라를 보낼 좋은 가정을 미리 섭외해놓는 것이 좋다. 새끼를 번식시킬 생각이 없다면, 새끼친칠라가 어미의 젖을 떼는 시기에 암컷과 수컷을 격리시키도록 한다. 젖을 뗀 이후 함께 지낸 형제 또는 자매 친칠라는 같은 케이지에서 평화롭고 사이좋게 잘 지낼 것이다.

번식의 특성

친칠라는 번식과 관련해 매우 흥미롭고 특이한 특성들을 가지고 있다. 번식과정에서 나타나는 암컷과 수컷의 특징을 살펴보면 다음과 같다.

■**암컷의 특성** : 암컷은 6개의 젖꼭지를 가지고 있으며, 한 쌍은 사타구니 부분에, 두 쌍은 흉부의 측면을 따라 위치해 있다. 이와 같은 젖꼭지의 위치는 어미가 새끼를 한 곳에 모아놓고 젖을 물리고, 새끼들이 젖을 먹는 동안 어미의 허리에 누워 있게 할 수 있다(어떤 책에는 친칠라가 8개의 젖꼭지를 가지고 있다고 적혀 있기도 한데, 이는 사실과 다르다). 쌍각자궁(bicornate uterus, 설치류와 돼지 등에서 나타나는 하트 모양의 자궁-편집자 주)과 중복자궁경(double cervix, 자궁경관이 한 쌍인 것을 의미한다-편집자 주)을 가지고 있는데, 이는 친칠라의 자궁이 자궁경부에서 Y자로 갈라지고 왼쪽과 오른쪽에 각각 자궁각을 가지고 있다는 것을 말한다. 이 구조 덕분에 암컷은 각 자궁각에 한 마리 이상의 새끼를 키울 수 있게 된다.

모든 포유류 암컷은 질막을 가지고 태어나며, 질막은 사춘기(성적 성숙기)에 이를 때까지 질 입구를 막고 있다. 친칠라의 경우, 이 질막은 발정이 오면 열렸다가 짝짓기가 끝나면 다시 닫힌다. 발정은 12시간 동안 지속될 수 있지만 보통 이틀에서 나흘이 걸린다. 질막은 분만 전에 다시 열렸다가 출산 후 또는 산후발정기(출산 직후)에 짝짓기를 한 뒤 다시 닫힌다. 산후발정기 동안 암컷과 수컷이 짝짓기를 못하도록 격리시키는 것이 좋은데, 그렇지 않으면 암컷은 갓 태어난 새끼에게 젖을 먹이면서 뱃속에 새로운 새끼를 키워야 하는 이중고에 시달리게 된다. 이는 몸집이 작은 친칠라가 감당하기에는 너무 부담스러운 일이다.

산후발정기에 짝짓기가 이뤄지지 않는다면, 암컷은 보통 새끼가 젖을 떼고 난 뒤 발정이 다시 오게 되며(최소 56일 후이며 일반적으로는 더 길다), 이를 수유후발정기라 한다. 산후발정기 때와 마찬가지로 수유후발정기에도 교배를 피하는 것이 좋다. 이때의 암컷은 어린 새끼를 키우느라 비축해 놓은 에너지와 체지방을 모두 소진해 지친 상태. 암컷이 완벽하게 회복하지 못했거나 짝짓기하기에 몸상태가 최상이 아닐 수 있다. 또한, 새끼가 젖을 떼자마자 바로 또 임신을 하는 것은 암컷에게 많은 스트레스를 주고 힘에 부치는 일이다.

전문적으로 번식하는 브리더들은 모피를 얻기 위한 대규모사육의 경우처럼 생산성을 끌어올리기 위해 암컷이 새끼를 낳은 즉시 또는 새끼가 젖을 뗀 뒤에 바로 교배를 시키는데, 이는 해당 어미 친칠라에게 많은 피해를 주는 방식이다. 이런 식의 번식일정은 반려동물에 있어서는 권장하지 않는다.

짝짓기가 이뤄졌다고 해서 항상 임신으로 이어지는 것은 아니다. 암컷은 산후발정기 또는 수유후발정기에 짝짓기를 할 수 있으나 임신이 안 될 수도 있다. 임신실패의 원인은 아직 모두 밝혀지지 않았지만, 암컷이 체력적으로 바로 임신을 하기에 힘든 상태이기 때문일 수 있다. 때때로 임신이 되기도

친칠라의 번식	
번식기 - 수컷	1년 내내 짝짓기가 가능하다.
번식기 - 암컷	시즌이 정해져 있다.
	북반구는 11월~다음해 5월
	남반구는 5월~11월
발정주기	매 38일
발정지속기간	12시간~4일
유도배란동물	O
자연배란동물	O
착상	수정 후 5.5일째 되는 날
임신기간	긴꼬리친칠라-111일(105~118일),
	짧은꼬리친칠라-128일까지
한배 새끼 수	평균 2마리(1~6마리)
연간 임신횟수	번식기마다 짝짓기를 할 경우
	최대 3회 임신이 가능하지만
	추천하지는 않는다.
산후발정기의 교배	교배 가능
수유후발정기의교배	교배 가능
출생 시 몸무게	30~60g
출생 시 상태	털이 나고 눈을 뜬 채 태어난다.
이유시기	생후 6~8주(개체에 따라 다르다)
성적 성숙기(사춘기)	출생 후 5.5~8개월

하지만, 거의 정상적인 출산으로 이어지지는 않고 태아가 암컷의 몸으로 흡수된다(태아 흡수). 새끼들도 힘들 수 있는데, 특히 어미가 스트레스를 받아서 충분한 모유를 만들어내지 못할 경우 그렇다. 수유기간에 새끼가 죽는 경우도 있다. 수유기간 중에 새끼가 죽으면 암컷은 재빨리 발정기로 다시 들어갈 수 있다. 이것도 수유후발정기이며, 종족보존을 위한 자연의 법칙이라 할 수 있다.

무리 중에 한 마리의 암컷에게 발정이 오면 나머지 암컷들도 발정이 올 수 있다. 그래서 노련한 브리더들은 발정이 오지 않은 암컷 친칠라를 발정이 온 암컷과 한 케이지에 넣는다. 이렇게 하면 발정이 오지 않은 암컷들은 발정이 온 암컷의 후각적 자극과 페로몬으로 인해 곧 발정이 오게 된다. 친칠라 브리더들은 이와 같은 방법으로 발정을 자극함으로써 번식을 극대화한다.

■**수컷의 특성** : 일반적으로 친칠라 수컷은 암컷보다 크기가 작고, 음경과 항문 사이에 털이 없는 맨살이 퍼져 있다. 음경은 짧은 가시털로 덮여 있고 뒤를 향해 있으며, S자 모양의 굴곡이 있다. 이 굴곡은 짝짓기를 할 때 일자로 곧게 펴진다. 음경이 일자로 펴지면 겨드랑이까지 닿을 수 있는데, 그 길이가 대략 11cm 이상에 달한다(발견 시 놀라지 않기 바란다). 수컷의 고환은 사타구니 또는 복강 내에 잠복해 있고, 음낭은 없다. 부고환의 꼬리는 항문낭 내에 포함돼 있다.

교미 후 수컷이 사정한 정액은 질 내에서 생식부속샘의 분비물과 섞여, 자극적인 냄새가 나고 흰 자루처럼 생긴 형태로 응고된다. 이것을 질전(copulatory plug) 또는 교미전(mating plug)이라고 하며, 일부 브리더들은 스토퍼(stopper, 마개)라고 부르기도 한다. 짝짓기가 끝난 직후 암컷의 질 입구 또는 케이지의 베딩에서 질전을 육안으로 확인할 수 있다. 질전은 짝짓기가 이뤄졌는지 여부를 파악하는 데 유용한 지표다. 그러나 항상 발견할 수 있는 것은 아니므로 케이지에 질전이 없다고 해서 암컷이 짝짓기를 하지 않았다고 단정할 수는 없다.

번식방법과 합사

친칠라를 번식시킬 때 사용하는 방법은 몇 가지가 있다. 여러분이 채택하게 될 번식방법에 따라 친칠라를 어떻게 합사할지, 몇 마리나 번식시킬지 결정될 것이다.

페어 메이팅(pair mating) : 페어 메이팅은 수컷과 암컷 한 쌍을 케이지에 합사해 교배하도록 하는 번식방법으로서 한두 쌍의 친칠라로 번식을 시작하는 초보자에게 적당한 방식이다. 페어 메이팅 방법을 사용하는 경우 번식 대상 친칠라의 수가 적고 생산속도도 느리기 때문에 매년 소수의 친칠라만 번식시키고 싶어 하는 애호가들에게 이상적인 번식방법이라고 할 수 있다.

브리딩 런(breeding run) : 브리딩 런은 친칠라를 대규모로 번식하는 농장주들이 가장 일반적으로 사용하는 번식방법이다. 그렇다고 브리딩 런이 초보자가 시도하기에 까다로운 번식방법은 아니다. 브리딩 런 방법을 사용할 때는 우선 6~8개의 케이지를 일렬로 연결하고, 각 케이지에 암컷을 한 마리씩 넣는다. 케이지 뒤에는 수컷이 드나들기에 충분한 크기의 문이 달려 있다. 케이지 뒤쪽으로 통로가 있어 수컷은 자신이 원할 때 아무 케이지에나 들어가서 암컷과 짝짓기를 할 수 있다. 암컷에게는 가벼운 알루미늄 칼라를 착용시키는데, 이 칼라는 케이지 뒷문을 통해 밖으로 달아나는 것을 막기 위해 충분히 넓은 것이어야 한다.

브리딩 런 방식에서 수컷은 자신이 내킬 때마다 케이지를 드나들며 발정기의 암컷과 짝짓기를 할 수 있고, 짝짓기가 끝나면 즉시 공격적인 암컷으로부터 도망쳐 나올 수 있다. 암컷은 알루미늄 칼라 때문에 뒷문으로 빠져나오지도 못하고 다른 암컷을 만날 수 없기 때문에 싸울 수도 없다. 따라서 브리딩 런은 수컷에게 매우 유리한 번식방법이다. 또한, 훌륭한 수컷 한 마리와 여러 마리의 암컷을 교배시킬 수 있고 무리의 퀄리티와 개체 수를 빨리 증가시킬 수 있는 훌륭한 방법이다.

콜로니 케이징(colony caging) : 콜로니 케이징은 매우 큰 케이지 안에 수컷 한 마리와 여러 마리의 암컷을 합사해 교배시키는 방식이다. 콜로니 케이징 방식을 통해 번식시킬 때는 친칠라에게서 눈을 떼지 말아야 하고 교배가 끝났을 때 재빠르게 행동해야 하기 때문에 다른 번식방법과 비교하면 조금 더 까다롭고 위험하다.

콜로니 케이징 방식을 사용할 때는 친칠라들이 서로 사이좋게 지내는지 면밀하게 관찰해야 하며, 만약 싸움이 일어나면 즉시 격리시켜야 한다. 친칠라를 대량으로 사육하는 친칠라 농장주들은 발정기에 있는 암컷의 냄새와 페로몬에 다른 암컷들을 노출시킴으로써 발정기에 들어가도록 만들기 위한 방법으로 콜로니 케이징 방식을 채택한다. 암컷이 수컷과 짝짓기를 끝내면 그 즉시 새로운 케이지로 옮겨 혼자 지내도록 해준다. 콜로니 케이징은 경험이 풍부한 브리더들이 사용하기에 적당한 방식으로 초보 브리더에게는 추천하지 않는다.

훌륭한 브리더들은 번식시설을 청결하고 환기가 잘 이뤄지도록 관리한다. 각 친칠라는 케이지 카드나 귀표로 구분되며, 번식일지를 정확하게 기록하고 업데이트한다.

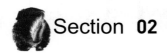

번식의 주기

친칠라는 계절번식동물(seasonal breeder, 1년 중 특정 시기에 한해 번식하는 동물을 일컬음)로서 일 년 내내 번식하는 것이 아니라 번식기에만 번식한다. 친칠라가 정해진 시기에 번식을 하는 이유는 언제든지 짝짓기가 가능한 수컷과 달리 암컷의 발정주기가 정해져 있기 때문이다. 친칠라는 원산지인 남반구에서 5월에서 11월 사이에 번식한다. 북반구에서는 친칠라의 번식주기가 계절, 광주기, 기후의 변화로 인해 11월에서 이듬해 5월까지로 바뀐다. 암컷은 한 달에 1번(38일마다) 난소에서 난자가 배출되지만, 일반적으로 1년에 2번만 새끼를 갖게 된다.

번식과 관련해 동물의 암컷은 일반적으로 자연배란동물(spontaneous ovulator)과 유도배란동물(induced ovulator)의 두 그룹으로 분류된다. 자연배란동물은 교미 여부에 상관없이 자발적으로 배란이 되며(햄스터, 쥐 포함), 유도배란동물은 교미를 해야 배란이 된다(고양이, 페럿, 토끼 포함). 특이하게도 친칠라는 자연배란동물이기도 하고 유도배란동물이기도 하다. 대부분의 친칠라는 교미 여부에 상관없이 자발적으로 배란이 되지만, 교미를 하고 나서도 배란이 된다.

사춘기

많은 설치동물들과 달리, 친칠라는 성적 성숙기에 도달하는 데 오랜 시간이 걸린다. 친칠라의 사춘기는 빠르면 5개월령에 찾아오지만 평균 8개월령에 도달한다. 수컷은 대개 암컷보다 몸집이 작고, 성공적으로 번식할 수 있는 적당한 크기로 성장하고 생식기관이 발달하는 데는 좀 더 오랜 시간이 필요하다. 그러나 생후 2개월에 정자를 생산할 수도 있다.

배란

배란은 난소에서 성숙한 난자가 배출되는 현상이다. 수컷은 언제든지 정자를 만들어낼 수 있으므로 배란기에 배출되는 건강한 난자의 수에 따라 잉태되는 새끼의 수가 결정된다. 한배에 1~6마리의 새끼를 낳는데, 평균 2마리를 출산한다.

발정

발정은 번식기에 들었을 때 배란 직전과 직후의 시간을 말하며, 이 시간 동안 암컷은 수컷에게 교미를 허용한다. 친칠라의 발정은 보통 12시간에서 이틀 동안 지속되는데, 발정이 오면 암컷의 회음부(會陰部, perineal region, 단공류 이외의 포유류에서 외부생식기와 항문 사이의 부위를 일컬음—편집자 주) 주위가 분홍색에서 짙은 빨간색으로 변하는 것이 특징이다. 붉게 변한 조직 때문에 마치 외음부(外陰部, vulva, 외부생식기)가 부은 것처럼 보이지만, 일반적으로 외음부가 붓지는 않는다. 브리더는 특히 번식기 동안 친칠라를 자세히 관찰해야 언제 암컷과 수컷을 합사시켜야 하는지 또 출산 전에 새끼들을 위한 계획을 언제 세울 것인지 알 수 있다.

구애행동과 짝짓기

번식기 동안 수컷은 암컷을 그루밍함으로써 구애를 시작한다. 구애행동이 계속됨에 따라 암컷 위에 올라타려고 시도할 것이다. 이때 암컷이 수컷을 받아들일 준비가 안 됐다면 암컷이 어떤 행동을 할지 예측할 수 없으며, 발정이 왔다 하더라도 암컷은 수컷에게 매우 공격적일 수 있다. 수컷은 암컷이 자신을 공격할 때 맞서 싸우거나 스스로를 보호하기 위해 저항하는 경우는 극히 드물고, 주로 놀라

새끼친칠라는 온몸이 털로 뒤덮인 상태에서 눈을 크게 뜨고 태어난다. 그러나 이러한 모습으로 태어난다 할지라도 새끼는 최소한 6~8주가 지날 때까지 여전히 어미의 보살핌과 모유수유를 필요로 한다.

서 암컷으로부터 도망친다. 따라서 암컷이 수컷을 공격하지 않는지 감시해야 한다. 일부 암컷은 수컷보다 훨씬 크고 강하며 공격적이어서, 특히 수컷이 암컷으로부터 도망칠 방법이 없는 경우 수컷을 죽이는 것으로 알려져 있다. 짝짓기는 간격을 두고 여러 번 이뤄질 수도 있는데, 모두 아주 빠르게 끝난다. 이는 짝짓기를 하는 동안 포식자가 나타나면 바로 도망치기 위한 방어기제인 것으로 여겨지는데, 짝짓기를 오래 하면 주변에 포식자들이 나타났을 때 도망칠 수가 없기 때문이다.

착상

착상은 포유류의 수정란이 자궁내벽에 붙어 태아가 모체로부터 산소 및 영양분을 받을 수 있는 상태가 되는 것을 말하며, 짝짓기를 끝낸 후 5일째 되는 날 착상이 이뤄진다. 태반은 태아와 모체 사이에서 태아의 생존과 성장에 필요한 물질교환을 매개하는 구조물로 태아의 일부분이다. 모든 태아는 어미의 자궁과 연결된 태반을 가지고 있어서 이 태반을 통해 혈액 속 영양소를 섭취한다. 동물의 종류에 따라 태반형성도 다른데, 친칠라는 장뇨막(chorioallantoic, 난각막 안에 있는 층으로 혈관이 잘 발달돼 있고 낭을 형성하는 막—편집자 주) 유형의 태반을 가진다.

배아가 자궁내벽에 붙는 착상이 일어나더라도 유산이 되는 경우도 있다. 친칠라의 경우, 태아흡수(fetal reabsorption)는 임신 중 어느 단계에서나 흔히 발생하며, 태아미라변성 또는 유산보다 더 자주 목격된다.

임신

암컷이 새끼를 잉태해 출산에 이르기까지의 기간을 임신기간이라고 한다. 친칠라의 평균 임신기간은 111일(105일~118일)로 대부분의 설치동물에 비해 길다. 친칠라의 태아는 밀접하게 관련된 대부분의 설치동물의 태아에 비해 아주 더디게 성장한다. 일반적으로 임신기간이 길다는 것은 태아가 조숙하게 태어난다는 것을 의미하는데, 즉 위험으로부터 스스로를 보호할 수 있도록 잘 발달된 모습으로 태어나는 것이다. 친칠라가 비록 온 몸에 털이 나고 두 눈을 뜬 상태에서 태어나지만, 보호와 영양을 위해 최소한 6~8주까지는 어미의 보살핌이 필요하다.

친칠라와 같은 일부 호저아목 동물에 있어서 이처럼 긴 임신기간에 대해 설명하기 위한 흥미로운 이론이 제시됐었다. 이 이론은 수명과 번식기가 긴 종은 그렇지 않은 동물에 비해 큰 뇌를 가지고 태어나고 성체 때도 뇌가 크며, 임신기간은 뇌의 무게와 출생 시의 발달단계에 의해 결정된다는 것을 시사한다.

한배에 여러 마리의 새끼를 가진 경우 임신기간 중 마지막 한 달 동안 암컷의 배가 커진 것을 볼 수 있다. 이때 암컷을 들어보면 이전보다 무겁게 느껴질 것이다. 비정상적인 체중변화는 특정 문제의 징후일 수 있으므로 임신한 암컷의 몸무게는 매주 규칙적으로 측정해야 한다. 임신한 친칠라는 뱃속의 새끼가 다치지 않도록 부드럽고 조심스럽게 다뤄야 한다. 예비어미의 배 주위를 너무 꽉 잡지 않도록 조심하고, 들어 올릴 때는 몸을 단단히 받치도록 한다. 또한, 암컷에게 스트레스를 줄 수 있으므로 케이지에 갑작스런 변화가 생기지 않도록 해야 한다. 케이지 바닥에 신문지나 부드러운 베딩을 깔아서 새끼가 태어났을 때 작은 발이 바닥의 구멍 사이에 끼는 사고를 방지한다.

> **출산 전에 수컷을 분리시켜야 하는 이유**
>
> 1. 수컷이 새끼를 다치게 할 수 있다.
> 2. 암컷이 수컷을 공격할 수 있다.
> 3. 출산한 뒤 수컷이 암컷과 다시 짝짓기를 하려고 시도할 수도 있다. 이런 경우 어미는 갓 태어난 새끼에게 젖을 먹이고 보살피면서 뱃속에 새로운 새끼를 품기 때문에 엄청난 스트레스에 시달리게 된다. 스트레스로 인해 어미의 체중이 감소하고 건강상태가 나빠져 갓 태어난 새끼에게 먹일 충분한 모유를 만들어내지 못할 수 있다.

출산

분만은 보통 오전에 이뤄지며, 친칠라는 앞

아서 몸을 앞으로 굽히거나 쪼그리고 출산을 한다. 새끼들은 일반적으로 몇 분 간격으로 태어나는데, 그 간격이 한 시간 정도 될 수도 있다. 머리부터 나오는 녀석이 있는가 하면 엉덩이(뒷다리와 허벅지)부터 나오는 녀석도 있다. 새끼가 나온 직후 태반이 딸려 나오며, 각 새끼마다 태반이 하나씩 달려 있어야 한다. 어미가 태반을 먹는 것은 정상이다.

진통이 한 시간 이상 지속되는 경우, 새끼가 산도 중간에 있고 어미가 새끼를

몸 밖으로 밀어내지 못하는 경우, 또는 새끼가 나온 후 태반이 몸 밖으로 나오지 않은 경우는 즉시 수의사에게 연락하도록 한다. 분만 도중과 분만 이후 어미와 새끼는 서로 부드럽게 재잘거릴 수 있다. 가만히 귀를 기울이면, 새로운 생명의 탄생을 알리는 소리를 들을 수 있을 것이다. 갓 태어난 새끼의 무게는 약 60g인데 30g 정도로 작게 태어나는 경우도 있다.

친칠라 어미는 자신의 새끼를 철저히 보호한다. 새끼를 위협하는 것들에 대해 공격적인 행동을 보이는데, 케이지 속에 손을 집어넣으면 새끼를 보호하려는 어미에게 물릴 수도 있으므로 조심해야 한다. 어미의 심기가 불편하면 으르렁거릴 것이고, 겁에 질리면 '익익' 소리를 내며 울 것이다. 분만 후 몇 시간 동안은 어미와 새끼를 가만히 내버려두는 것이 좋다. 갓 태어난 새끼의 사망률은 무려 10%에 이르므로 새끼의 상태가 심상치 않다면 주저하지 말고 수의사에게 연락해야 한다. 수컷의 경우 새끼에게 좋은 아빠가 될 수도 있지만, 어떤 수컷은 새끼에게 공격적일 수 있으며 심지어 새끼를 죽이려고 할 수도 있다.

분만 직후 암컷은 다시 발정이 올 것이다. 이를 산후발정(postpartum estrus)이라 하는데, 설치동물에 있어서는 흔한 현상이다. 산후발정기에 짝짓기를 해서 새끼를 갖지 않는다면 새끼가 젖을 뗄 때 다시 발정기로 돌아갈 것이다.

Section 03

새끼돌보기

야생에서 친칠라는 새끼가 태어나기 한참 전부터 새끼를 돌보기 위한 준비를 한다. 이는 부모 개체가 서로 조화를 이룰 수 있고 새끼를 낳아 함께 기르며 보호할 수 있도록 암수 간의 유대감을 형성하는 것으로 시작된다. 일부 수컷은 새끼들을 용인하고 함께 앉아서 놀아주며, 그들을 애지중지 보살핀다. 대다수의 호저아목 설치동물과 달리 친칠라 수컷은 자신의 짝이나 새끼에게 소변을 뿌리지 않는데 (설치동물 수컷은 새끼가 태어나면 자신의 소변을 뿌린다), 이는 아마도 새끼가 어미와 가깝게 생활해 어미의 냄새와 비슷한 냄새가 나기 때문인 것으로 보인다.

새끼의 양육

모든 수컷이 새끼에게 다정한 것은 아니며, 일부는 새끼에게 공격적이고 심지어 물어 죽이기도 한다. 수컷이 다정하고 강한 부성애를 지니고 있다고 완전히 확신할 수 없다면, 암컷이 새끼를 낳기 전에 케이지에서 수컷을 격리해야 한다. 만약 암컷이 수컷에게 공격적이라면 짝짓기가 끝난 즉시 수컷을 케이지에서 격리하는

친칠라는 성장하는 데 많은 시간이 걸리는데, 적어도 생후 1년이 지나야 성체 친칠라의 몸무게가 된다.

것이 최상의 그리고 가장 안전한 방법이다. 또한, 암컷은 분만 직후 다시 발정이 오므로 임신을 막기 위해서도 수컷을 분리하는 것이 좋다. 어떤 경우에는 암컷과 새끼에게서 분리된 수컷이 우울증에 걸려 식음을 전폐하기도 한다. 따라서 여러분이 기르고 있는 친칠라와 그들의 성격 및 친밀감에 대해 잘 아는 것이 중요하며, 사건과 사고, 싸움 또는 우울증을 예방하기 위해 친칠라를 면밀히 관찰해야 한다. 암컷은 수컷의 도움 없이 혼자 새끼를 잘 돌보고 기를 수 있으며, 태어난 새끼는 영양, 보온, 보호를 위해 어미에게 의존한다.

■**수유** : 유즙분비(lactation)는 젖샘이나 유방에서 젖이 분비되는 현상이다. 모유 속 지방, 단백질 그리고 수분의 함량은 동물 종에 따라 다르다. 유즙분비는 모든 포유동물의 독특한 특징으로, 포유동물 암컷은 모유수유를 통해 언제 어디서든 은신처에서 새끼에게 안전하게 영양소를 공급할 수 있다. 또한, 모유수유는 먹을 것이 부족한 시기에 자손의 생존율을 높일 수 있는 유용한 방법이다.

수유 중인 암컷은, 자신이 섭취한 음식과 체내에 저장된 지방을 새끼에게 먹일 모유 및 새끼를 따뜻하게 유지하기 위한 체온(체열)으로 바꾼다. 이 과정은 상당한 에너지와 칼로리가 소모되기 때문에 어미는 평소보다 더 많은 양의 먹이와 수분을 섭취해야 한다. 어미는 새끼를 한 곳에 모아놓고 젖을 먹이며, 옹송그린 자세에서 자신의 몸으로 새끼를 감싼다. 새끼는 젖을 빨기 위해 어미 밑에 등을 대고 누울 수 있다. 몸이 점점 자라면서 배를 바닥에 깔고 엎드리거나 앉아서 젖을 먹으며, 힘이 더 세지면 어미가 젖을 물리는 동안 힘으로 밀어붙여 옆으로 눕힌다.

수유는 6~8주 정도 계속되며, 이 시기 이전에 젖을 떼서는 안 된다. 새끼의 '생존'을 위해서는 최소한 생후 25일까지는 젖을 먹여야 하며, 새끼가 건강하게 자라기 위해서는 적어도 50일 이상 젖을 먹어야 한다. 너무 빨리 젖을 뗀 새끼의 경우 생존이 가능할 수도 있지만 권장되지 않는다. 어미는 수유기간 동안 체중이 많이 감소될 수 있는데, 특히 먹이를 충분히 섭취하지 못하거나 젖을 물려야 할 새끼가 지나치게 많다면 더욱 그렇다. 새끼는 자라면서 더 많은 영양소를 필요로 하고, 어미는 더 많은 모유를 만들어내기 위해 많은 에너지를 소비해야 한다. 따라서 모유수유기간 동안에는 어미 친칠라에게 영양가 있는 먹이를 듬뿍 주고, 신선한 물을 항상 먹을 수 있도록 제공해야 한다.

■**이유** : 완전히 젖을 뗀 새끼는 더 이상 어미젖의 영양분을 필요로 하지 않고 이후 젖을 먹지 않는다. 새끼친칠라는 태어난 날 바로 뛰어다니면서 놀 수 있고, 특히 생후 약 1주일 정도가 되면 고형먹이에 관심을 보인다. 그럼에도 불구하고 새끼친칠라는 어미의 젖 없이 살아남을 수 없으며, 생존을 위해서는 적어도 생후 25일까지는 반드시 어미젖을 먹어야 한다. 새끼가 어미젖을 뗄 무렵의 생존율은 75%로 낮기 때문에 생후 6~8주 이전에 어미젖을 떼서는 안 된다.

성장과 생존

갓 태어난 새끼친칠라의 몸무게는 평균 60g이다. 새끼의 크기는 한배에 태어난 새끼들의 수와 반비례하는데, 한배에 태어난 새끼가 많을수록 각 새끼의 크기는

새끼의 크기는 한배에 태어난 새끼들의 수와 반비례해서 한배에 태어난 새끼가 많을수록 크기는 작다.

작다는 의미다. 즉 한 어미에게서 두 마리의 새끼친칠라가 태어난 경우, 한 어미에게서 세 마리나 네 마리 또는 여섯 마리의 새끼가 태어났을 때보다 몸집이 크다. 친칠라는 대부분의 설치동물과 비교했을 때 더디게 성장한다. 생후 첫 한 달동안 새끼는 매일 3.6g씩 몸무게가 증가하며, 이 한 달 동안 증가되는 몸무게는 총 180g이다. 생후 2개월째부터 6개월까지 매일 1.56g씩 몸무게가 증가하며, 생후 6개월 이후부터 1년까지는 매일 0.65g씩 몸무게가 증가한다. 즉 새끼친칠라는 생후 1년이 지나야 일반적인 성체 친칠라의 몸무게가 된다.

친칠라 수컷의 경우 건강하고 성숙하며 몸집이 충분히 크고 신체기관이 발달했다면, 생후 6개월에 번식이 가능하다. 암컷의 경우 적어도 생후 8개월이 될 때까지, 성적으로 충분히 성숙하며 임신을 감당할 수 있을 정도로 신체가 성장해졌을 때까지는 번식을 시켜서는 안 된다. 첫 번째 번식 때 암컷의 몸무게는 적어도 600g 이상이 돼야 한다. 암컷의 경우 번식을 시키려면 2살이 되기 전에 시도해야 하는데, 그렇지 않으면 번식에 어려움이 있거나 번식이 안 될 수도 있다.

새끼친칠라는 길들이기가 쉽다. 잦은 핸들링, 소량의 간식으로 길들이는 시간을 어느 정도 단축시킬 수 있다.

번식을 시도하기 전에 암컷의 골반이 새끼의 머리가 산도를 통과할 수 있을 정도로 충분한 크기인지 확인해야 한다. 암컷의 꼬리를 들추고 골반 주위를 살짝 눌러보면 움푹 들어간 자국을 볼 수 있는데, 이를 확인해 골반 크기를 가늠할 수 있으며, 골반의 직경이 최소한 2.54cm 이상 돼야 번식을 시도할 수 있다. X-레이를 찍어서 골반 크기를 확인하는 방법도 있다.

각인과 길들이기

각인(imprinting)은 동물이 태어난 직후 다른 동물을 보고 즉시 그 동물과 긴밀한 유대감을 형성할 때 일어나는 현상을 말한다. 야생에서 새끼는 거의 항상 어미에게 각인된다. 어미는 새끼가 태어난 직후 처음으로 보고, 냄새 맡고, 듣고, 인식한 존재다. 새끼는 어미의 보호에 의지하며, 어미 뒤를 졸졸 따라다니면서 생존에 필요한 모든 기술과 행동을 학습한다. 이는 친칠라도 마찬가지다. 새끼친칠라를 안전하게 만질 수 있는 시기가 됐을 때는 이미 새끼들은 어미에게 각인된 상

어미는 새끼가 태어난 직후 처음으로 보고, 냄새 맡고, 듣고, 인식한 존재로서 새끼는 어미에게 각인된다.

태일 것이다. 그렇다고 어미에게 각인된 새끼친칠라를 길들일 수 없는 것은 아니다. 새끼친칠라는 호기심이 많고 매우 온순해 길들이기 쉬운 동물이며, 주기적으로 놀아주기만 하면 금방 사랑스럽고 앙증맞은 반려동물로 길들여질 것이다.

어미가 온순하고 잘 길들여졌다면 보호자의 일은 훨씬 쉬워진다. 새끼친칠라는 자신의 어미가 보호자에게 하는 행동을 보면서 자연스럽게 배우게 될 것이기 때문이다. 어미가 잘 길들여지고 사람들의 손길과 방문을 즐긴다면 새끼친칠라도 어미처럼 금방 길들여지고 사람의 손길과 방문을 즐기게 될 것이다. 이런 경우 새끼친칠라는 금방 보호자를 친구로 인식하고 먹이를 가져다주는 사람으로 받아들이게 되며, 자연스럽게 보호자가 자신들을 찾아오기를 기대하게 된다.

새끼의 암수구별

어린 새끼의 성별을 구분하는 것은 어렵지 않다. 우선 새끼를 조심스럽게 들고 손바닥 위에 새끼의 등이 닿도록 뒤집어서 눕힌다. 꼬리의 기저 부분을 부드럽게 잡는데, 이때 꼬리를 당기지 않도록 주의해야 한다. 일단 꼬리 아래에 위치한 항문이 확인되면 생식기 쪽을 살펴본다. 항문과 생식기 사이의 거리는 수컷이 암컷보다 길고, 생식기와 항문 사이에 털이 자라지 않은 부분도 있다.

암컷은 생식기에 작은 구멍이 있고 털이 없는 맨살 부위가 없으며, 생식기 구멍에서부터 항문까지의 거리도 짧다. 한배에서 태어난 새끼를 서로 비교하고 항문과 생식기 사이의 거리를 확인하면 수컷과 암컷을 구분하는 법을 금방 배울 수 있을 것이다.

새끼친칠라 돌보기

일단 새끼친칠라가 어미젖을 떼면 다 자란 친칠라와 같은 환경에서 기를 수 있다. 어미젖을 뗀 친칠라도 성체 친칠라와 마찬가지로 영양가 있는 먹이, 신선한 물, 운동용 쳇바퀴, 모래목욕, 흥미로운 장난감이 필요하고, 편안한 온도 그리고 안전하고 탈출이 방지된 주거환경이 필요하다. 물론 보호자의 관심도 필요하다.

규칙적인 핸들링은 친칠라를 길들이는 데 있어서 중요한 부분이다. 새끼친칠라는 태생이 온순하고 살갑지만, 재빠르고 활동적이다. 높은 곳에서 겁을 먹지 않고 높이에 대한 확실한 감각이 없기 때문에 새끼친칠라를 만질 때는 떨어뜨리지 않도록 각별히 주의해야 한다. 새끼는 또한 호기심이 많으며, 여기저기 탐색하는 것을 좋아한다. 어떤 때는 탐험하기를 원하고, 어떤 때는 케이지에서 안전하게 지내기를 원한다. 새끼친칠라는 여러분에게 끊임없이 즐거움을 선사할 것이며, 여러분이 새끼들과 보내는 시간이 많으면 많을수록 더 다정하고 재미있는 반려동물이 될 것이다.

■**핸드 피딩** : 때로는 어미가 모유를 충분히 만들어내지 못하거나 또는 새끼를 남겨둔 채 죽는 경우도 있을 수 있다. 만약 이런 일이 발생한다면, 보호자가 온전히 어미 역할을 대신해야 하기 때문에 할 일이 많아진다.

> **어미를 잃은 새끼를 위한 유동식 조제법**
>
> **준비물**
> 부드럽게 간 친칠라용 펠릿 10g(칼슘이 들어 있는 것을 사용한다) / 오트밀 10g / 덱스트로오스 1mL(동물병원에서 쉽게 구할 수 있다) / 페디어라이트 5mL / 비타민C 10mg(약국에서 태블릿이나 액체 형태로 구할 수 있다) / 물
>
> **만드는 법**
> 1. 준비한 모든 재료를 잘 섞은 뒤 체온과 같은 온도로 데운다. 이때 너무 뜨겁지 않도록 주의해야 한다.
> 2. 점안기를 이용해 새끼가 스스로 삼킬 수 있을 정도의 속도를 유지하며 유동식을 급여한다. 최대한 천천히 급여하고 억지로 먹이지는 않도록 한다.
> 3. 새끼에게 먹이를 급여해야 할 때마다 유동식을 제조하고, 체온과 같은 온도로 데워서 먹이도록 한다.

새끼를 핸드 피딩(hand-feeding)해야 하는 어렵고 힘든 상황에 처해 있다면, 뜬 눈으로 지새우게 될 수많은 밤과 희박한 성공 가능성(핸드 피딩으로 새끼친칠라가 건강하게 자랄 확률은 아주 낮다)에 대비해야 한다. 핸드 피딩의 실패로 새끼친칠라를 잃게되는 가슴 아픈 일이 생길 수도 있는데, 모쪼록 여러분이 이런 슬픈 상황에 자주 맞닥뜨리지 않기를 바랄 뿐이다. 핸드 피딩 경험이 많아질수록 기술이 숙련돼 새끼의 생존율이 높아질 것이고, 핸드 피딩으로 새끼를 살려내 건강하게 자란다면 보호자로서 큰 보람과 성취감을 느낄 수 있을 것이다.

성공적인 핸드 피딩의 비결은 먹이를 조금씩 자주 급여하고, 신선하고 건강하며 따뜻한 식단을 준비하는 것, 상당한 인내심을 갖고 임하는 것이다. 한 번에 너무 많은 먹이를 먹이려 하지 말고, 새끼가 편안하게 먹이를 삼킬 수 없을 정도로 빨리 먹이는 일이 없도록 해야 한다. 너무 많은 양을 먹이거나 빨리 먹이면 먹이가 새끼의 기도와 폐로 넘어가 질식하거나 폐렴에 걸릴 수 있다. 핸드 피딩을 할 때는 인내심을 갖고 조금씩 자주 그리고 천천히 먹여야 한다. 우유는 설사를 유발하거나 장에 탈이 날 수 있으므로 새끼에게 우유를 먹이는 것은 좋지 않다.

핸드 피딩의 성공 비결

- 인내심을 갖도록 한다. 새끼는 적은 양의 먹이를 먹는 데도 오랜 시간이 걸린다.
- 너무 많은 양의 먹이를 먹이지 않도록 한다. 한꺼번에 많이 먹이는 것보다 적은 양을 자주 먹이는 것이 훨씬 안전하다. 새끼의 코에서 유동식이 나오는 것이 보인다면, 유동식이 폐로 넘어갔을 가능성이 있고, 이 경우 새끼는 폐렴에 걸려 죽을 수 있다.
- 우유나 우유 성분이 함유된 제품을 먹이지 않도록 한다. 설사를 하거나 장에 탈이 날 수 있다.
- 잘게 다진 채소를 먹이지 않도록 한다. 채소가 목에 걸려 질식사할 수 있다.
- 새끼가 너무 배고파하지 않도록 먹이를 급여하는 시간 간격을 너무 길게 잡지 않도록 한다.
- 어미가 없는 새끼에게 핸드 피딩을 하는 경우, 먹이를 다 먹은 후에 대소변을 볼 수 있도록 보호자가 어미 대신 자극을 해줘야 한다. 따뜻하고 축축한 천을 이용해 자극해주면 되는데, 새끼의 항문 주위를 가볍게 톡톡 눌러주도록 한다. 이때 문질러서는 안 된다.
- 온열패드를 저온으로 설정해서 케이지 절반 정도에 깔아 새끼를 따뜻하게 해준다. 이렇게 해두면, 너무 더워지면 새끼 스스로 온열패드가 깔려 있지 않은 바닥으로 옮겨가서 체온을 조절할 것이다. 온열패드 대신 따뜻한(뜨겁지 않은) 물이 든 물병을 준비해주는 것도 좋다. 물이 식으면 새끼가 추워질 수 있으므로 따뜻한 물병으로 교체해줘야 한다. 보온을 위해 온열램프를 사용하는 것은 피하는 것이 좋다. 온열램프가 너무 가까우면 화상을 입거나 탈수증상을 보일 수 있다.

갓 태어난 동물의 3대 사망원인은 저체온(추위), 탈수(충분한 수분 섭취 실패) 그리고 저혈당이다. 새끼친칠라를 따뜻하게 해주고 수분을 충분히 섭취하도록 신경 쓰며 잘 먹이고 있다면, 새끼의 생존을 위해 제대로 돌보고 있는 것이다.

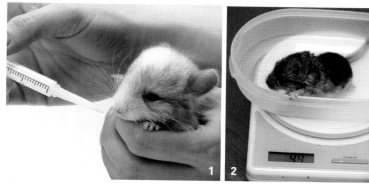

1. 새끼에게 핸드 피딩을 할 때는 점안기를 이용해 최대한 천천히 급여하고 억지로 먹이지 않도록 한다.
2. 각각의 새끼가 먹이를 어느 정도 먹는지 주의 깊게 살피고, 저울을 준비해 매일 몸무게를 확인하도록 한다.

초기에는 필요에 따라 2~3시간마다 먹이를 급여해야 한다. 점안기나 바늘을 제거한 작은 주사기를 이용하면 급여하는 것이 쉬울 것이다. 새끼가 어느 정도 자라면 숟가락이나 작은 병뚜껑에 담긴 먹이를 바로 받아먹을 수 있게 된다. 각각의 새끼가 먹이를 어느 정도 먹는지 주의 깊게 살피고 매일 몸무게를 확인하도록 한다. 새끼의 먹이섭취량과 몸무게를 기록하는 것도 좋다. 갓 태어난 새끼는 고형식을 소화시킬 수 있을 때까지 생후 며칠 동안 에스비락(Esbilac, 강아지분유)을 먹일 수 있으며, 에스비락을 먹일 때 유아용 오트밀을 조금 첨가할 수도 있다.

■**새끼의 분양** : 유혹이 되기는 하지만, 아마도 어미가 낳은 새끼친칠라를 모두 기를 수는 없을 것이다. 책임감 있는 브리더로서 여러분은 새끼에게 따뜻한 보살핌과 사랑을 받을 수 있는 새로운 보호자를 찾아줘야 한다. 새끼친칠라가 새로운 환경에 잘 적응하고 여생을 행복하게 살 수 있도록 하기 위해서는 그들의 새로운 보호자에게 가능한 한 많은 정보를 제공해야 한다. 새끼가 생활했던 케이지를 보여주고, 친칠라를 안는 법과 검사하는 방법에 대해 알려주도록 한다. 새로운 보호자에게 현재 새끼에게 먹이고 있는 먹이를 그대로 급여하도록 알려주는 것이 좋은데, 이렇게 하면 새끼가 식단변화로 인해 스트레스를 받는 것을 막을 수 있다. 마지막으로 문제가 생겼을 때를 대비해, 새로운 보호자에게 친칠라에 대해 박식한 좋은 수의사를 아는 대로 모두 추천해주도록 한다.

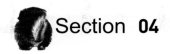

Section 04

번식과 관련한 문제

친칠라를 기를 때는 문제가 발생할 경우를 대비해 여분의 케이지와 주거환경을 위한 충분한 공간이 필요하다. 친칠라를 많이 기르면 기를수록 언젠가 문제를 겪게 될 가능성이 더 높아진다. 자신의 친칠라와 관련해 번식문제를 겪어본 적이 전혀 없는 브리더는 많은 수를 번식해본 경험이 없거나 오랜 기간 번식하지는 않았기 때문일 것이다. 번식프로그램이 계속되면 개체 수는 증가할 것이고, 불어난 친칠라를 모두 수용할 수 있는 충분한 공간이 필요하다. 그렇지 않으면 케이지가 너무 과밀해져서 친칠라들이 스트레스를 받거나 병에 걸릴 수 있다.

많은 경우에 친칠라를 격리시킬 수 있도록 여분의 케이지가 필요하다. 예를 들어, 친칠라는 동계교배(inbreeding, 근친교배)가 일어날 수 있기 때문에 한 어미에게서 난 친칠라 남매는 분리해야 하며, 수컷의 경우 성적 성숙기에 다다르기 전에 어미와 분리시켜야 한다. 물론, 암수의 경우도 번식을 원하지 않거나 서로 싸우는 것이 싫다면 암컷과 수컷을 분리해야 하므로 여분의 케이지가 필요하다.

남매 친칠라들은 분리해야 하며, 수컷의 경우 성적 성숙기에 다다르기 전에 어미와 분리시켜야 한다. 암수의 경우도 번식을 원하지 않거나 서로 싸우는 것이 싫다면 암컷과 수컷을 분리해야 한다.

또한, 아픈 친칠라가 있는 경우 다른 녀석들과 격리시켜서 평화롭고 조용하게 회복할 수 있도록 해줘야 한다. 전염성이 있는 질병에 걸렸다면 아픈 친칠라를 격리시킴으로써 다른 녀석들에게 병이 전염되는 것을 막을 수 있다.

친칠라를 기르다보면 번식시스템과 관련해 특정한 여러 가지 의학적 문제와 맞닥뜨리게 될 수 있다. 초기에 이러한 문제들을 알아챌 수 있는 능력을 키워서 문제발생 시 즉각적인 조치를 취하고 수의사의 도움을 받을 수 있도록 해야 한다.

난산

난산(dystocia)은 분만과정에 이상이 생겨 분만시간이 길어짐으로써 모체나 태아에게 여러 가지 장애가 발생하는 것으로 이상분만(異常分娩)이라고도 한다. 친칠라에 있어서는 자주 일어나지는 않는데, 난산을 보인다면 일반적으로 어미와 새끼를 살리기 위해 수술이 필요할 정도로 심각한 응급상황이다. 태아의 머리가 너무 커서 산도를 통과할 수 없는 경우, 새끼는 자궁 안에 그대로 있거나 산도 중간에 걸려 있는 동안 질식사할 수 있다. 결국에는 산도를 통과해 죽은 채로 세상에 나오게 된다. 이렇게 생명을 위협하는 심각한 상황은, 몸무게가 600g 미만인 어리고 미성숙한 암컷, 골반 입구나 산도가 좁은 암컷에게서 더 자주 발생한다. 한배의 태아 수가 적을 경우 태아 수가 많은 경우보다 새끼의 크기가 크기 때문에 어미의 산도를 통과하는 데 더 애를 먹게 된다.

태아흡수

태아흡수(fetal resorption)는 태아가 자궁에서 사망해 어미의 몸으로 다시 흡수되는 현상이다. 친칠라에 있어서 흔히 발생하며 유산, 사산(태아가 발달의 어느 단계에서 죽은 채로 출산됨) 또는 태아 미라화보다 더 자주 보고된다. 이런 현상이 일어나는 원인이 전부 밝혀진 것은 아니지만, 바이러스나 박테리아 감염, 불충분한 영양, 건강상의 문제 등이 원인으로 알려져 있다.

사산

사산(stillbirth)은 태아가 사망한 상태에서 출생한 것을 말한다. 태아는 완전히 발달해서 태어나기를 기다리고 있었으나 세상에 나오기도 전에 자궁에서 이미 사망한 것이다. 어미 친칠라는 종종 사산한 태아를 먹어버리기 때문에 보호자가 사산을 감지하지 못할 수도 있다.

태아 미라화

태아가 임신 중에 사망했지만 어미의 몸으로 다시 흡수되지 않은 경우, 말라서 미라가 된 상태로 자궁에 남아 있을 수 있다. 미라가 된 태아(mummified fetuses)는 불임의 원인이 될 수 있는데, 미라가 된 태아를 뱃속에 품고 있는 암컷은 이것이 제거되기 전까지는 다시 임신을 하지 않기 때문이다.

유방염

유방염(mastitis)은 유선조직에 염증 및 세균감염이 발생하거나 유착 또는 경화되는 현상을 말한다. 유방염이 생기면 모유의 양이 줄거나 아예 분비되지 않는다.

새끼가 어미젖을 뗄 무렵의 생존율은 75%로 낮기 때문에 생후 6~8주 이전에 어미젖을 떼서는 안 된다.

자궁염과 자궁축농증

세균에 감염된 태반과 태아는 어미의 목숨을 앗아갈 수도 있는 자궁염(metritis) 및 자궁축농증(pyometra, 자궁강 내에 다량의 농을 형성하고 자궁팽만을 유발하는 심각한 자궁감염-편집자 주)을 유발할 수 있다. 고름이 자궁에 축적될 수 있는데, 악취가 나는 질 분비물이 보일 수 있으며, 어미는 고열에 시달리고 먹이를 거부하며 젖을 만들지 못하고 급격하게 쇠약해진다. 자궁 내 감염은 치료하기가 어려운 질환이다. 가장 좋은 방법은 일반적으로 항생제를 처방하는 것 외에 자궁과 난소를 제거하는 것이다. 어미가 너무 쇠약해져서 수술과 마취를 견딜 수 없는 지경에 이르기 전에 수술 여부에 대해 빨리 결정을 내려야 한다.

자궁무력증

자궁무력증(uterine inertia)은 태아를 밀어내기 위한 자궁근육의 수축이 더 이상 이뤄지지 않아 분만이 되지 않는 증상이다. 자궁무력증이 나타나는 경우 즉각적인 응급치료가 필요하다. 수의사는 자궁의 약한 근육을 자극해서 수축을 유도하기 위해 옥시토신을 주입하는 것이 도움이 될지 여부를 결정한다. 일부 경우에는 옥시토신이 효과가 없거나 위험할 수 있으며, 제왕절개수술이 필요하다.

출혈

분만시간이 길어지거나 난산의 경우 어미의 자궁이 찢어지거나 파열될 수 있고, 질이 찢어질 수 있다. 질에 출혈이 있고 새끼를 분만하지 못할 때 자궁 내 출혈(과다출혈)을 의심해봐야 한다.

저칼슘혈증

저칼슘혈증(hypocalcemia)은 혈중칼슘농도가 낮거나 칼슘결핍으로 인해 나타나는 현상으로 어미의 생명을 위태롭게 한다. 저칼슘혈증은 일반적으로 어미가 새끼에게 젖을 먹이는 수유기간에 나타나는데, 임신 중에도 발생할 수 있다. 저칼슘혈증의 증상으로는 우울증과 근육경련을 들 수 있으며, 이러한 증상을 모두 자간(eclampsia, 임신중독증의 일종) 또는 산욕강직증(puerperal tetany)이라 한다. 저칼슘혈증이 나타날 경우 글루콘산칼슘(calcium gluconate)을 투여하는 응급치료가 즉시 이뤄지지 않으면 경련과 사망이 빠르게 진행된다.

무유증

출산 후 첫 몇 시간 내에 초유가 분비되는데, 이 초유를 먹는 것은 새끼에게 아주 중요한 일이다. 초유에는 새끼가 성장하는 동안 일부 질병으로부터 새끼를 보호하는 물질이 함유돼 있다. 어떤 암컷은 초유나 젖을 만들지 못하거나 새끼를 배부르게 먹일 만큼 충분한 젖을 만들지 못한다. 젖을 충분히 먹지 못한 새끼는 약하고 삐쩍 마르게 된다. 어미가 젖을 분비하는 데는 시간이 걸릴 수도 있지만, 출산 후 적어도 12시간 이내에는 젖이 분비돼야 한다. 새끼가 계속해서 배가 고픈 것처럼 보이거나 소리를 자주 낸다면 수의사에게 문의하도록 한다. 이 경우 젖분비를 촉진하는 옥시토신 주입이 도움이 될 수 있다. 어미가 새끼에게 젖을 물릴 능력이 안 된다면 보호자가 핸드 피딩으로 새끼에게 먹이를 급여해야 한다.

의사의 도움이 필요한 응급상황

- 진통이 1시간 이상 지속되거나 분만간격이 1시간 이상인 경우
- 분만 중 과다출혈이 일어난 경우
- 친칠라가 고통스러워하는 경우 (이 갈기, 귀를 머리 뒤로 젖히기, 꽥꽥 소리지르기, 바닥에 구르기, 스트레칭, 쭈그려 앉기, 빠르게 앉았다 일어나기 등)
- 양수가 터진 경우
- 죽은 태아를 출산한 경우
- 태반이 배출되지 않은 경우

책임감 있고 헌신적인 친칠라 브리더가 되기 위해서는 철저한 계획과 사전준비가 필요하다.

헤어링

헤어링(hair rings)이란 수컷의 음경 주위에 털 가닥이 단단하게 꼬여 고리를 형성한 것을 말하며, 수컷 친칠라는 주기적으로 헤어링을 점검해야 한다. 헤어링은 음경을 꽉 조임으로써 붓기, 통증, 조직괴사, 감돈포경(paraphimosis, 음경의 수축을 방해해 포피가 귀두 뒤로 젖혀진 후에 고정돼 원래 위치로 돌아오지 못하는 상태-편집자 주)을 유발한다. 헤어링은 교미 후에 가장 자주 관찰되지만 언제든지 발생할 수 있다.

헤어링이 음경을 지나치게 꽉 조여서 소변을 보는 것을 방해할 수도 있으며, 이때 헤어링을 제거하지 않으면 음경을 잃게 되거나 사망으로 이어질 수도 있다. 음경에 윤활제(상품명 K-Y 젤리나 Priority Care 또는 미네랄 오일)를 부드럽게 바르고 헤어링을 풀어주면 쉽게 빠질 것이다. 아니면 잘 드는 가위로 조심스럽게 잘라내도 된다. 음경이 심하게 부어오른 경우 즉시 수의사의 도움을 받도록 한다.

지금까지 여러분은 친칠라에 대해 많은 지식을 쌓았다. 번식기와 생명력이 약하고 취약한 삶의 첫 단계에서 친칠라의 건강을 유지하려면 각별히 노력하고 신경써야 한다는 사실을 알았을 것이다. 책임감 있고 헌신적인 친칠라 브리더가 되기위해 여러분이 해야 할 일들이 많다. 행운을 빌며 즐겁게 임하길 바란다.

Chapter 7
친칠라의 다양한 모색

친칠라의 여러 가지 모색에 대해 간
략하게 알아보고 친칠라 쇼(참가와
준비)에 대해 살펴본다.

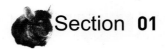

Section 01

여러 가지 모색

친칠라의 모색(毛色)은 다양하다. 참고로 '친칠라 쇼(Chinchilla Show)'[1] 에서는 참가한 친칠라들을 성별, 연령 그리고 모색으로 분류한다. 친칠라에 대한 유전학적 정보와 모색이 유전되는 방식은 사육서인 본서에서 다루기에는 그 범위를 벗어난 매우 복잡한 주제다. 이 분야를 다룬 문헌이 많으므로 관심 있는 독자라면 찾아보기를 권한다(239쪽 '유용한 웹사이트와 참고문헌' 참고). 아름다운 털을 지닌 친칠라를 생산하는 데 성공하기 위해서 브리더는 기본적인 유전법칙에 대한 확실한 이해, 번식 및 쇼 참가를 위한 최상의 무리, 성공에 대한 의지 그리고 인내심과 기술을 갖춰야 한다. 여기에 약간의 운도 따라줘야 한다.

친칠라의 모색에 대한 설명과 분류는 전문브리더, 각 협회 및 국가에 따라 다르다. 따라서 자신이 어떤 색깔을 좋아하고 원하는지 제대로 파악하기 위해서는 친

---

1) 해외의 경우 정기적으로 친칠라 쇼가 개최돼 친칠라 애호가들의 많은 관심과 사랑을 받고 있다. 우리나라의 경우 친칠라 쇼는 볼 수 없지만, 원서에 실린 '친칠라 쇼' 섹션에 알아두면 좋을 내용이 포함돼 있으므로 참고자료로 활용하도록 한다.

칠라의 정의에 대해 공부하고, 친칠라 쇼에도 참관해보며, 친칠라 브리더를 만나봄으로써 직접 눈으로 확인해야 한다. 친칠라 쇼에 참가할 계획이라면 자신의 친칠라를 등록하기 전에 주최 측의 허용 색상에 대한 규칙, 표준 및 정의에 대한 문서를 받아 미리 확인해야 한다. 이렇게 하면 협회나 주최기관의 용어로 기술된 모색을 이해하고 자신의 친칠라가 속하는 색상 그룹을 정확하게 알 수 있다. 다음은 친칠라에서 볼 수 있는 몇 가지 모색에 대한 일반적인 설명이다.

스탠더드 그레이(Standard gray)

스탠더드 그레이(또는 내추럴–natural)는 친칠라의 표준이 되는 자연색상이며, 이를 제외한 나머지 색의 친칠라는 일반적으로 교배를 통해 인공적으로 만들어낸 변이종이다. 스탠더드 그레이는 은빛 색조가 은은하게 감도는 아름다운 청회색이며, 일반적으로 야생형의 아구티(agouti, 명회색과 암회색의 털이 혼재하고 있는 포유류의 털 전체 색채–편집자 주) 패턴을 가진다. 이 패턴은 남미의 야생 설치류인 아구티의 이름을 따서 명명됐다. 아구티 패턴은 토끼와 다람쥐 등 많은 종의 동물에서 관

스탠더드 그레이 또는 내추럴은 야생 원종으로서 일반적으로 아구티(agouti) 패턴을 가지고 있으며, 은빛 색조가 감도는 아름다운 청회색의 모색을 지니고 있다.

찰되며, 개개의 털이 어두운 색과 밝은 색의 띠를 이루는 것이 특징이다. 야생에서는 이 아구티 패턴이 먹이동물을 포식자의 눈에 띄지 않게 위장하는 데 도움이 된다. 그 덕에 친칠라의 서식지인 화산지형에서 아구티 패턴을 지닌 스탠더드 그레이 친칠라를 발견하기란 매우 어렵다.

스탠더드 그레이 친칠라는 털 줄기의 뿌리에서부터 길게 이어지는 청회색 털을 가지고 있다. 이 띠가 밑색이 되는데, 청회색처럼 보이지만 실제로는 옅은 검은색

이다. 털 줄기를 따라 올라가면 흰색이 나오며, 이 흰색을 바(bar)라고 부른다. 털 끝은 검은색이며, 베일링(veiling) 또는 틱킹(ticking)이라 부른다. 베일링은 친칠라의 등에 집중적으로 또는 어둡게 나타나고, 몸 옆으로 갈수록 색이 밝아지다가 배에서 사라진다. 이 때문에 배는 흰색, 상아색 또는 크림색으로 나타난다.

화이트(White)

화이트 유전자는 불완전하기 때문에 다른 색과 조합돼야 하며, 화이트끼리 교배해서는 안 된다(치사유전자를 갖게 된다). 화이트 친칠라는 많은 변이종이 존재하는데, 누르스름한 빛깔이나 다른 색조가 섞이지 않은 매우 깨끗한 흰색일 때 화이트 친칠라로 분류된다. 화이트 변이종의 경우 짙은 눈과 어둡거나 베이지색인 보호털을 가지고 있을 수 있으며, 흰색 털에 다른 색이 섞인 모자이크 또는 불규칙한 패턴을 가지고 있을 수도 있다. 분홍색 눈을 가진 알비노인 경우도 있다.

화이트 친칠라 중 일부는 스톤 화이트(stone white)로 불리는데, 스톤 화이트 친칠라의 경우 호모(homozygous, 동형접합체, 한 쌍의 상동염색체 상에 존재하는 대립유전자가 같을 때를 이름–편집자 주) 형태로 발현될 때 눈이 없는 무안구증(anophthalmia)이나 정상적인 크기보다 눈이 작은 소안구증(microphthalmia)을 유발하는 유전자를 가지고 있다. 이러한 유형의 기형은 드워프 햄스터(dwarf hamster)와 같은 다른 동물의 화이트 유전자와 관련이 있다.

핑크 화이트는 화이트 친칠라와 베이지 친칠라를 교배했을 때 나오는 색이다. 전체적으로 흰색을 띠며, 약간의 크림빛 베이지색 패턴 및 분홍색 코와 귀를 가지고 있다. 핑크 화이트 친칠라는 호모 핑크 화이트

화이트 친칠라는 매우 다양한 변이종이 있다. 사진 속 핑크 화이트 친칠라는 흰색 털에 약간의 색조가 섞여 있고, 검은 눈동자가 아름다움을 배가시킨다.

또는 헤테로(heterozygote, 이형접합체, 한 쌍의 상동염색체 상에 존재하는 대립유전자가 다를 때를 이름-편집자 주) 핑크 화이트가 될 수 있다. 호모 핑크 화이트는 밝은 분홍색 눈을 가지며 종종 알비노로 착각된다. 화이트의 다른 변이종은 화이트 모자이크(화이트x스탠더드), TOV 화이트(화이트x블랙 벨벳), 화이트 에보니(화이트x에보니), 화이트 바이올렛(화이트x바이올렛), 화이트 탠(화이트xtan) 등을 포함한다.

블랙 벨벳(Black velvet)

블랙 벨벳 친칠라는 옆구리가 밝은 색이고 배는 흰색이며, 검은색 베일링을 가지고 있다. 발에 검은 줄무늬가 있고 배의 털은 곱슬곱슬하며, 털은 벨벳처럼 보인다. 블랙 벨벳은 블랙 또는 거닝(Gunning) 블랙으로도 불린다. 블랙 벨벳이 다른 변이종과 결합되면 TOV(Touch of Velvet)라고 불리며, TOV바이올렛(블랙 벨벳x바이올렛), TOV화이트(블랙 벨벳+화이트), TOV에보니(블랙 벨벳x에보니) 등의 변이종이 있다.

블랙 벨벳 친칠라

에보니(Ebony)

에보니는 등 쪽의 모색이 배에도 그대로 이어져 나타나는 것으로 색상의 밝기에 따라 분류된다. 검은색의 모색을 띠며, 하얀색 배와 검은색 눈을 가지고 있다. 호모 에보니(Homo ebony)로도 불리는 엑스트라 다크 에보니(Extra dark ebony)는 밝은 색이 전혀 없는, 모두 검은색인 털을 지니고 있다. 털 줄기는 완전히 단색이고 윤기 나는 외관을 지녀야 한다. 호모가 되기 위해서는 부모 모두 에보니이거나 에보니 유전자를 가지고 있어야 한다(에보니x에보니).

검정색과 회색의 조합을 가지고 있는 헤테로에보니(Hetero ebony)는 일반적으로 어두운 검은색의 베일링을 가지고 있고, 배는 밝은 회색이다. 팁(tip)이 검은색인 매우 밝은 회색부터 매우 어두운 검정색까지 다양한 모색이 나타난다. 진한 감청색으로 보여야 하고, 털에 빨간색 부분이 없어야 한다. 에보니와 베이지색의 친칠라를 교배했을 때 나타나는 모색은 탠(Tan)이라고 한다. 탠의 모색은 전체적으로 갈색이며, 배도 갈색을 띤다. 밝은 갈색부터 어두운 초콜릿색까지 다양하게 나타난다.

사파이어(Sapphire)

사파이어 친칠라는 금속성의 아름다운 푸른 빛을 띠며, 밝은 것에서부터 어두운 것까지 색조가 다양하게 나타날 수 있다. 팁은 검은색이고, 배는 흰색으로 나타난다.

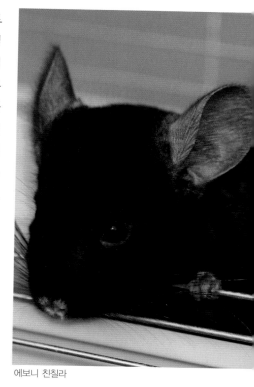

에보니 친칠라

바이올렛(Violet)

바이올렛 친칠라는 사파이어 친칠라보다 색이 밝고, 사지 · 귀 · 꼬리 등의 끝이 짙은 청회색의 샴고양이와 비슷하게 라벤더 빛이 돈다. 바이올렛 친칠라의 몸은 밝은 색이고 얼굴, 발 그리고 꼬리는 바이올렛 색이다. 밝은 것부터 매우 어두운 것까지 다양한 색조를 지닌다.

베이지(Beige)

베이지는 옅은 샴페인 색에서 짙은 베이지색에 이르기까지 다양한 밝기의 색조가 나타난다. 베이지 친칠라의 눈은 분홍색, 루비 레드 또는 검은색이며 배는 흰

색이다. 헤테로 베이지 친칠라는 1개의 우성 베이지 유전자를 가지고 있으며, 어두운 베이지색 모색에 흰색 배꼽, 짙은 분홍색 또는 갈색인 눈, 분홍색 귀와 코를 가지고 있다. 귀에 주근깨가 생길 수도 있다. 호모 베이지 친칠라는 2개의 베이지 유전자를 가지고 있다. 모색은 베이지색에서 샴페인색까지 범위를 이루며, 배는 흰색이다. 밝은 빨강 또는 분홍색 눈을 가지고 있다.

모자이크(Mosaic)

모자이크 친칠라는 흰색에 블루, 블랙 또는 베이지 같은 다른 색상들이 섞여 있다. 흰색 털에 여러 색상의 패치가 나타나거나 어두운 색 털에 흰색 패치를 가지고 있을 수 있다.

미셀러니(Miscellany)

여러 가지 색상이 다양하게 섞인 형태로 앞에서 설명한 것들과 맞지 않는 형태의 색상을 미셀러니로 분류한다.

모색 유전에 관한 유전학

친칠라의 모색은 복잡한 과정을 거쳐 유전되는데, 이러한 과정을 알고 이해하는 것은 그리 쉬운 일이 아니다.

1. 바이올렛 **2.** 베이지 **3.** 모자이크

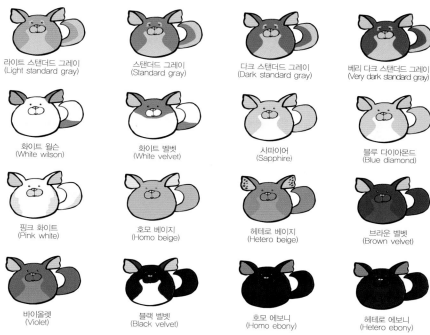

라이트 스탠더드 그레이 (Light standard gray)	스탠더드 그레이 (Standard gray)	다크 스탠더드 그레이 (Dark standard gray)	베리 다크 스탠더드 그레이 (Very dark standard gray)
화이트 윌슨 (White wilson)	화이트 벨벳 (White velvet)	사파이어 (Sapphire)	블루 다이아몬드 (Blue diamond)
핑크 화이트 (Pink white)	호모 베이지 (Homo beige)	헤테로 베이지 (Hetero beige)	브라운 벨벳 (Brown velvet)
바이올렛 (Violet)	블랙 벨벳 (Black velvet)	호모 에보니 (Homo ebony)	헤테로 에보니 (Hetero ebony)

친칠라의 다양한 모색

혹시 유전학에 특별히 관심이 있는 보호자라면, 유전학과 모색 유전에 대해 자세히 다루고 있는 책들이 많이 출간돼 있으므로 이를 참고하도록 한다. '엠프레스 친칠라브리더연맹(Empress Chinchilla Breeders Cooperative)'의 '돌연변이친칠라브리더협회(Mutation Chinchilla Breeders Association)'에서 펴낸 《친칠라 모색 유전에 관한 기본적인 유전학(Basic Genetics of the Coat Color of Chinchilla)》이 친칠라의 모색 유전에 대해 특별히 다루고 있는 훌륭한 가이드북이다. 이 책은 친칠라의 모색에 대해 전문가가 되고 싶은 브리더라면 반드시 읽어봐야 한다. 부모의 색상을 각각 입력하면 출생 가능한 2세의 색상을 자동으로 계산해주는 색상계산기(silverfallchinchilla.com)도 있으므로 참고하도록 한다.

철저히 계획하고 꼼꼼하게 번식일지를 작성하며 색상유전에 대한 폭넓은 지식을 보유하고 있다면, 모든 이의 마음을 사로잡을 새로운 모색을 만들어낼 수 있을지도 모른다. 열심히 공부해서 꼭 성공하기를 기원한다.

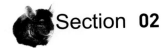

Section 02

친칠라 쇼(Show)

모든 친칠라는 독특하며, 각 개체마다 유쾌한 성격을 지니고 있다. 여기에 더해 친칠라 브리더들은 화려한 털과 아름다운 모색을 가진 다양한 친칠라를 만들어 낸다. 브리더들은 최상의 조건을 갖춘 친칠라가 생기면, 친칠라 쇼에 참가해 테스트를 한다. 친칠라 쇼는 굉장히 흥미로우며, 친칠라 쇼에서 각양각색의 사람들을 만나고 많은 것을 배우며 다양한 경험을 할 수 있다. 또한, 번식 또는 쇼 참가를 위한 아름다운 친칠라를 분양받을 수도 있다('엠프레스친칠라브리더연맹'과 '돌연변이친칠라브리더협회'의 웹사이트에서 브리더 연락처와 친칠라 쇼에 관한 정보를 얻을 수 있다).

친칠라 전문가가 되기 위해서는 심미안, 유전학에 대한 이해, 등급 기준에 대한 지식, 많은 학습과 열정이 필요하다. 자신이 전문적인 친칠라 브리더가 될 자격을 갖추고 있는지, 현재 기르고 있는 자신의 친칠라가 최고의 기준에 부합하는지를 알아볼 준비가 됐다면, 친칠라 쇼에 대해 간단하게 살펴보도록 하자(앞서도 언급했듯이, 이번 섹션은 우리나라의 경우 관련이 없지만 알아두면 좋을 내용이 포함돼 있기 때문에 참고자료로 활용할 수 있도록 원서에 실린 지면을 그대로 옮긴다─편집자 주).

번식과 쇼를 위한 친칠라 구하기

여러분은 번식과 쇼에 참가하고 싶을 때 자신이 정확하게 원하는 친칠라를 쉽게 찾을 수 있다고 생각할 것이다. 그러나 현실은 많은 특성들이 열성유전의 방식으로 유전되고, 개체 수가 자주 그리고 대량으로 생산되지는 않는다는 것이다. 브리더가 여러분이 제시한 조건에 딱 들어맞는 친칠라를 만들어내는 데는 상당한 시간이 걸릴 수도 있다. 그러므로 당초 계획에서 어떤 부분은 포기하고 양보를 하거나 인내심을 갖고 원하는 친칠라가 나올 때까지 기다려야 할 수도 있다.

자신의 브리딩 무리에서 최고의 친칠라를 기꺼이 내놓을 수 있는, 경험이 많고 평판이 좋은 브리더에게서 분양받아야 한다. 쇼 참가라는 도전적인 취미에 성공하기 위해서는 여러분이 배워야 할 것들이 많으며, 처음부터 하나하나 다시 시작해야 한다는 것을 기억하자. 여러분은 이제 막 시작했고 몇 년 동안 계속해야 하는 만큼, 숙련된 브리더의 도움과 가이드가 필요할 것이다.

친칠라의 이동

친칠라 쇼에 참가할 경우, 쇼 장까지 먼 거리를 여행해야 할 수도 있다. 다음의 몇 가지 사항만 염두에 두면 친칠라와 함께 이동하는 것이 쉬워질 것이다. 우선 친칠라가 아프거나 혹은 아픈 동물에게 노출된 적이 있다면, 친칠라를 데리고 먼 거리를 이동하거나 다른 동물에게 노출시키지 않도록 해야 한다.

친칠라를 이동시킬 때는 여행용으로 디자인된 작은 고양이 캐리어(비행기탑승용), 와이어 캐리어 또는 소형 케이지를 사용한다. 이때 가벼운 천으로 케이지를 덮어 밝은 빛과 소음을 차단하되, 환기에 방해가 되지 않도록 주의한다. 이동케이지 바닥에는 흡수력이 좋은 수건을 깔고, 친칠라가 몸을 숨길 수 있는 공간을 만들어준다. 이동하는 동안 친칠라가 수분을 섭취할 수 있도록 과일 조각을 넣어주고, 먹이로는 건초 또는 건초 큐브를 넣어주도록 한다.

자동차로 이동하는 경우, 이동용 케이지가 흔들리거나 기울어지거나 바닥에 떨어지지 않도록 자리를 잘 잡아준다. 가능하다면 안전벨트

> **친칠라의 여행가방 꾸리기**
>
> 시중에서 판매하는 생수 / 물병과 빨대(장거리여행의 경우) / 건초 큐브와 과일 조각 / 그루밍용품(빗, 브러시, 모래목욕통) / 흡수력이 좋은 수건 큰 것과 작은 것 / 쓰레기봉투 / 종이타월 / 손 세정제(보호자용)

사진 속 다크 에보니 친칠라는 관리가 잘 된 아름다운 상태로 쇼에 참가할 준비를 마친 개체다.

로 고정시키는 것이 좋다. 비행기로 이동하는 경우, 친칠라를 기내에 데리고 타기 위해서는 항공사에 사전예약을 해야 한다. 보통 기내에 데리고 탈 수 있는 반려동물의 수는 기내 당 2마리로 제한돼 있다. 이동용 케이지는 좌석 아래 들어갈 수 있는 크기여야 한다. 비행기를 이용하거나 해외로 이동하는 경우, 사용일로부터 10일 이내 발급된 수의사의 건강증명서가 필요하다. 항공사가 풍토순화 (acclimation, 환경변화에 대한 장기간의 가역적인 생리반응을 말함-편집자 주) 증명서를 요구할 수도 있다. 쇼 장에 도착해서는 그늘에 주차를 하고, 창문을 열어놨다 할지라도 날씨가 따뜻한 경우 친칠라를 자동차에 홀로 남겨두지 않도록 한다.

심사

보통 친칠라 10마리씩 그룹을 이뤄 평가되는데, 이때 친칠라를 모두 테이블 위에 올려놓고 심사를 진행한다. 적어도 생후 4개월은 지나야 친칠라 쇼에 참가할 수 있으며, 연령 부문은 일반적으로 생후 7개월 이상과 생후 7개월 미만의 두 그룹으로 나뉜다. 수컷은 수컷끼리 암컷은 암컷끼리 성별 부문에서 경쟁하며, 모색으

- 쇼 참가를 위한 준비를 시작하기 전에 시간, 공간, 재정적 여유가 있는지 확인한다.
- 최고의 친칠라에 투자한다. 여러분이 감당할 수 있는 범위 내에서 가장 퀄리티가 좋은 친칠라를 구해 시작하도록 한다.
- 친칠라에게 가능한 한 최고의 먹이와 주거 환경을 제공하도록 한다.
- 멘토로 삼을 경험 많은 브리더를 찾는다.
- 친칠라에 대해 항상 공부하고 연구한다.
- 인내심을 갖고 임하도록 한다.
- 도태시켜야 하는 친칠라를 선별하는 방법에 대해 배우도록 한다.
- 사육환경을 청결하게 유지한다.
- 번식일지를 정확하게 기록 유지한다.
- 건강일지를 정확하게 기록 유지한다.
- 지역 단위 또는 국가 단위의 친칠라 동호회에 가입해 적극적으로 활동한다.
- 가장 중요한 것은 무엇보다 즐거운 마음으로 준비에 임하는 것이다.

로 나눠 경쟁하는 부문도 있다. 쇼 참가자들은 모색 부문에서 최대 20마리의 친칠라를 참가시킬 수 있지만, 대부분 같은 색의 친칠라를 한꺼번에 참가시킬 정도로 많이 기르지는 않는다.

심사위원들은 체형, 모색과 털의 밀도에 따라 최고의 친칠라를 선택한다. 크고 몸이 탄탄한 친칠라가 호리호리하고 마른 친칠라보다 더 좋은 점수를 받는다. 모색은 선명도, 붉은색 또는 노란색 색조(바람직하지 않음)의 부족, 베일링(가장 진한 색상이 몸을 얼마나 잘, 얼마나 완전하게 덮고 있는지를 심사한다)을 포함해 몇 가지 측면에서 평가된다. 털의 밀도는 심사에 매우 중요하며, 두껍고 풍성한 상태가 가장 이상적이다.

심사위원들은 각 부문에 속한 친칠라들의 모든 특성을 고려하고 서로 비교한 뒤에 최종결정을 내린다. 우수한 친칠라가 여러 마리라면 우승자가 한 명 이상일 수 있다. 반대로 우수한 친칠라가 없다고 판단하면 1위는 선정하지 않고 2위와 3위만 선정할 수도 있으며, 그 해 쇼에 참가한 친칠라의 수준이 형편없다면 상을 아예 수여하지 않기도 한다. 물론 모두가 심사위원의 결정에 찬성하는 것은 아니지만, 공평하고 멋진 승부를 위해서는 결과에 승복하는 자세가 필요하다.

심사위원들이 어떤 판정을 내리든, 진정한 심사위원은 해당 친칠라의 브리더(및 보호자)라고 할 수 있다. 브리더는 어떤 케이지를 사용할지, 무엇을 먹일지 그리고 어떻게 보살필지 등 매일 자신의 친칠라와 관련해 중요한 판단과 결정을 내린다. 또 친칠라의 입양, 번식, 분양 등에 있어서 어느 녀석을 선택할지 결정한다. 브리더는 스스로 최고라고 생각하는 친칠라를 선택하고, 자신의 기준에 미달하는 친칠라는 도태시킨다.

브리더는 스스로 자신의 기준을 세우는데, 그 기준이 매우 높은 수준이라면 그 어떤 심사위원보다 날카롭고 냉정하게 자신의 친칠라를 평가할 것이다. 또한, 그 어떤 심사위원보다 자신의 친칠라에 대해 잘 알고 있다. 즉 심사위원들은 각 친칠라의 가계도, 번식이력 또는 건강기록 등에 관해 모르지만, 브리더는 이 모든 것들을 속속들이 알고 있는 사람이다. 외형뿐만 아니라 번식하기에 훌륭한 녀석인지, 훌륭한 부모인지 그리고 쇼에서는 알 수 없지만 유전병이나 건강문제는 없는지에 대해서도 잘 알고 있다.

훌륭한 브리더라면 친칠라에 대해 보고 듣고 알고 있는 것을 바탕으로 어떤 친칠라가 상을 받을 자격이 있는지 이미 알고 있을 것이다. 물론 많은 것이 심사위원뿐만 아니라 쇼 당일의 경쟁상황에 따라 달라진다. 심사위원은 친칠라 브리더가 올바른 길을 가고 있는지 확인하기 위해 그 자리에 있는 것이다. 결국 각 친칠라에 대해 궁극적인 판단을 내릴 사람은 바로 브리더 자신이다.

친칠라 쇼는 재미있는 사람들을 만나고 아름다운 친칠라를 접하며, 친칠라에 대해 새로운 정보를 얻고 즐기기 위한 장소가 돼야 한다. 이것이 여러분이 친칠라 쇼에 참가하는 이유라면 여러분은 이미 우승한 것이나 마찬가지다.

1. 사진 속 브라운 벨벳 친칠라는 귀에 반점을 가지고 있다. **2.** 호모 베이지는 매우 아름다운 색상의 털을 지닌 친칠라 중 하나로 손꼽힌다.

친칠라 마법은 계속된다

친칠라의 성격과 모색은 매우 다양해서 마음에 드는 친칠라를 골라낸다는 것이 상당히 어렵다. 많은 친칠라 애호가들과 마찬가지로 모든 종류의 친칠라를 길러 보고 싶다는 유혹을 느낄지도 모른다. 친칠라의 매력에서 벗어날 수 없는 이상한 마법에 걸린 것 같은 기분도 들 것이다. 다른 사람들도 모두 마찬가지다. 친칠라와 사랑에 빠진 애호가들은 '아무리 많아도 부족해!' 라는 말을 입에 달고 산다. 물론, 모든 것에는 한계가 있지만, 꿈꾸고 계획하는 것만으로도 즐거운 일이다. 친칠라는 멋지고 아름답고 매혹적인 반려동물임이 이미 증명됐다. 칠레의 안데스산맥에서 머나먼 나라의 산기슭까지, 멸종 직전의 위기로부터 모피공장과 실

험실까지 그리고 쇼 테이블에서 여러분의 가정까지, 친칠라는 숱한 위기를 극복하고 살아남은 생존자이자 자연의 진정한 보석이다. 친칠라는 수천 년 동안 살던 화산지대의 바위틈으로부터 아주 먼 길을 돌아 우리에게 왔다. 친칠라의 매혹적인 역사에 있어서 미스터리의 일부는 풀렸지만, 아직 많은 것들이 비밀로 남아 있다. 친칠라는 매력적인 수수께끼를 품고 있는 사랑스러운 반려동물이다.

자, 이제 친칠라 마법에 걸릴 준비를 해보자. 잠시 시간을 내어 친칠라와 뒹굴면서 즐거운 한때를 보내보자. 친칠라의 풍성하고 부드러운 털을 쓰다듬고 맑게 빛나는 눈을 바라보며 순간의 마법에 빠져보기를 바란다.

유용한 웹사이트와 참고문헌

기관 및 협회

• American Association of Zoo Veterinarians
  www.aazv.org

• American Society of Mammologists
  www.mammalsociety.org

• American Veterinary Medical Association
  www.avma.org

• Empress Chinchilla Breeders Cooperative
  www.harborside.com

• Mutation Chinchilla Breeders Association
  www.mutationchinchillas.com

권장도서

• Anderson, S., Jones, J. K., eds.
  〈Orders and Families of Recent Mammals of
  the World〉
  New York, NY: Wiley, 1984.

• Bowen, E. G., Jenkins, R. W.
  〈Chinchilla History, Husbandry, Marketing〉
  Hackensack, N J: Alder Printing Co., 1969.

• Donnelly, T. M., Quimby, F. W.
  〈Chinchillas: Biology of Laboratory Animals〉
  Orlando, FL: Academic Press, 1974.

• Guttman, H. N. Guidelines for the
  〈Well-Being of Rodents in Research〉
  Research Triangle Park: Scientists Center for
  Animal Welfare, 1990.

• Hillyer, E. V., Quesenberry, K. E., Donnelly, T. M.
  〈Ferrets, Rabbits, and Rodents: Chapter 23:
  Biology and Husbandry of Chinchillas〉
  Philadelphia, PA: W. B. Saunders Company,
  1997.

• Houston, J. W., Prestwich, J. P.
  〈Chinchilla Care〉
  Los Angeles, CA: Borden Publishing
  Company, 1962.

• Kraft, H.
  〈Diseases of Chinchillas〉
  Neptune City, NJ: T.F.H. Publications, 1987.

• Laber-Laird, K., Swindle, M. M., Flecknell, P.
  〈Handbook of Rodent and Rabbit Medicine〉
  New York, NY: Elsevier Science, 1996.

• Mutation Chinchilla Breeders Association of
  the Empress Chinchilla Breeders Cooperative,
  Inc.
  〈Basic Genetics of the Coat Color of Chinchilla〉
  1970.

• Nowak, R. M., ed.
  〈Walker's Mammals of the World〉 5th edition,
  Volume II.
  Baltimore, MD: The Johns Hopkins University
  Press, 1991.

• Parker, W. D.
  〈Modern Chinchilla Fur Farming〉
  Alhambra, CA: or den Publishing Co., 1975.

• Rowlands, I. W., Weir, B. J., eds.
  〈The Biology of Hystricomorph Rodents (The
  Proceedings of a Symposium Held at the
  Zoological Society of London)〉
  Published for The Zoological Society of
  London by Academic Press, 1974.

• Searle, A. G.
  〈Comparative Genetics of Coat Colour in
  Mammals〉
  London, UK: Logos Press Limited, 1967.

• Spotorno, A. E., Zuleta, C. A., Valladares, J.
  P., Deane, A. L., Jimenez, J. E.
  〈Chinchilla laniger(Mammalian Species, no.
  758)〉
  December 2004.